**WEKA** — PRAXISLÖSUNGEN

Stand: August 2014

Ernst Schneider

# Die neue EMV- und Niederspannungsrichtlinie

- Neuregelungen für Hersteller, Importeure und Händler
- Synoptische Kommentierung der Richtlinien 2014/30/EU und 2014/35/EU
- Experten-Interviews zu den praktischen Auswirkungen

# IMPRESSUM

**Bibliografische Information der Deutschen Nationalbibliothek**
Die Deutsche Nationalbibliothek verzeichnet diese Publikation
in der Deutschen Nationalbibliografie; detaillierte bibliografische
Daten sind im Internet über http://dnb.d-nb.de abrufbar.

**© 2014 by WEKA MEDIA GmbH & Co. KG**
Alle Rechte vorbehalten. Nachdruck und Vervielfältigung
– auch auszugsweise – nicht gestattet.

**Wichtiger Hinweis**
Die WEKA MEDIA GmbH & Co. KG ist bemüht, ihre Produkte jeweils nach
neuesten Erkenntnissen zu erstellen. Deren Richtigkeit sowie inhaltliche und
technische Fehlerfreiheit werden ausdrücklich nicht zugesichert. Die WEKA
MEDIA GmbH & Co. KG gibt auch keine Zusicherung für die Anwendbarkeit
bzw. Verwendbarkeit ihrer Produkte zu einem bestimmten Zweck. Die
Auswahl der Ware, deren Einsatz und Nutzung fallen ausschließlich in den
Verantwortungsbereich des Kunden.

WEKA MEDIA GmbH & Co. KG
Sitz in Kissing
Registergericht Augsburg
HRA 13940

Persönlich haftende Gesellschafterin:
WEKA MEDIA Beteiligungs-GmbH
Sitz in Kissing
Registergericht Augsburg
HRB 23695
Geschäftsführer: Stephan Behrens, Michael Bruns, Werner Pehland

WEKA MEDIA GmbH & Co. KG
Römerstraße 4, D-86438 Kissing
Fon 0 82 33.23-40 00
Fax 0 82 33.23-74 00
service@weka.de
www.weka.de

Umschlag geschützt als Geschmacksmuster der
WEKA MEDIA GmbH & Co. KG
Satz: WEKA MEDIA GmbH & Co. KG, Römerstraße 4, 86438 Kissing
Druck: F56 Druckdienstleistungen, Frauenstraße 54, 89073 Ulm
Printed in Germany 2014

ISBN 978-3-8111-7871-7

# Inhaltsverzeichnis

Vorwort .................................................................................................................................................. 3

Kapitel 1    Das Alignment Package –
             Wichtige rechtliche Änderungen im Bereich der Produktsicherheit ............................ 5

Kapitel 2    Elektromagnetische Verträglichkeit (EMV) – Nationale und europäische Rechtsgrundlagen ..................... 11

Kapitel 3    Synoptische Kommentierung der neuen EMV-Richtlinie 2014/30/EU ............................. 17

Kapitel 4    Die neue EMV-Richtlinie aus Sicht der Normungsorganisationen
             - Interview mit Klaus-Peter Bretz (VDE) ......................................................................... 61

Kapitel 5    Die neue Niederspannungsrichtlinie 2014/35/EU ......................................................... 63

Kapitel 6    Synoptische Kommentierung der neuen Niederspannungsrichtlinie ............................ 69

Kapitel 7    Die Niederspannungsrichtlinie aus Sicht der Normungsorganisation
             – Interview mit Dr. Gerhard Imgrund (VDE) ................................................................. 97

Kapitel 8    EMV- und Niederspannungsrichtlinie aus Sicht der Industrie ..................................... 99

Fazit ..................................................................................................................................................... 103

Anhang 1: EMV-Gesetz ........................................................................................................................ 105

Anhang 2: Erste Verordnung zum Produktsicherheitsgesetz ............................................................. 121

# Inhaltsverzeichnis

# Vorwort

Am 29. März 2014 hat die EU-Kommission im EU-Amtsblatt L 96 im Rahmen des sogenannten Alignment Package acht neu gefasste Richtlinien veröffentlicht, die für die CE-Kennzeichnung unverzichtbar sind – die Neuregelungen sind ab dem 20. April 2016 zwingend anzuwenden. Zwei dieser Richtlinien – die Niederspannungsrichtlinie 2014/35/EU und die EMV-Richtlinie 2014/30/EU – haben besondere Relevanz für Hersteller, Händler und Importeure elektrotechnischer Produkte.

Die genannten Richtlinien wurden als komplette Neufassung grundlegend überarbeitet und an vielen Stellen modifiziert. Die Unsicherheit über den Inhalt der neuen Anforderungen und die daraus abzuleitenden Konsequenzen für die entsprechenden Wirtschaftsakteure ist seit der Veröffentlichung noch gewachsen – ob zu Recht oder zu Unrecht, können Sie in diesem Fachbuch erfahren.

Die EMV-Richtlinie bezieht sich auf die elektromagnetische Verträglichkeit von Produkten (Betriebsmitteln), die nach Maßgabe der Kommission dadurch sichergestellt werden soll, indem ein angemessenes Niveau der elektromagnetischen Verträglichkeit festgelegt wird. Unter „elektromagnetischer Verträglichkeit" versteht man die Fähigkeit eines Betriebsmittels, in seiner elektromagnetischen Umgebung zufriedenstellend zu arbeiten, ohne dabei selbst elektromagnetische Störungen zu verursachen, die andere Betriebsmittel in derselben Umgebung negativ beeinflusst.

*EMV als Produktanforderung*

Es handelt sich bei der EMV-Richtlinie um keine Produktsicherheitsrichtlinie im engeren Sinne – es geht vielmehr um Produktanforderungen, die branchen- und produktübergreifend alle elektrischen und elektronischen Baugruppen, Geräte, Systeme und Anlagen betreffen.

Im Gegensatz zur EMV-Richtlinie geht es bei der Niederspannungsrichtlinie ganz klar um Sicherheit – und zwar die von Menschen, Tieren und Sachen. Die Richtlinie gewährleistet, dass elektrische Betriebsmittel nur dann auf dem gemeinsamen Markt bereitgestellt werden dürfen, wenn sie so hergestellt sind, dass sie bei einer ordnungsgemäßen Installation und Wartung sowie einer bestimmungsgemäßen Verwendung Gesundheit und Sicherheit nicht gefährden.

*Niederspannungsrichtlinie sorgt für Sicherheit*

Im vorliegenden Fachbuch gebe ich Ihnen zuerst einen kurzen Überblick über die Gründe und Entwicklung des Alignment Package, danach werden die EMV- und Niederspannungsrichtlinie kurz vorgestellt. Im Zentrum finden Sie eine synoptische Analyse der alten und der neuen Richtlinie – eine Darstellungsform, die Ihnen auf einen Blick die unterschiedlichen oder gleichgebliebenen Anforderungen verdeutlicht.

*Synopse steht im Mittelpunkt*

Zudem finden Sie mehrere Interviews aus berufenem Mund von Experten des VDE und des ZVEI (bei denen ich mich an dieser Stelle gern bedanke) zu den neuen Rechtsakten, inklusive wichtiger Empfehlungen für die Praxis.

Zusmarshausen, im August 2014

Ernst Schneider

# Vorwort

# 1 Das Alignment Package – Wichtige rechtliche Änderungen im Bereich der Produktsicherheit

Die europäische Produktsicherheit ist in Bewegung – das sogenannte Alignment Package wurde am 29.03.2014 im Amtsblatt der EU veröffentlicht. Dieses Paket hat selbstverständlich auch gravierende Auswirkungen auf deutsche Unternehmen, da die entsprechenden Richtlinien in das nationale (deutsche) Produktsicherheitsrecht umgesetzt werden müssen. Durch die Neuregelungen besteht insbesondere Änderungsbedarf bei den sogenannten Produktsicherheitsverordnungen (ProdSV), deren rechtliche Umgestaltungen in absehbarer Zeit bevorstehen.

## 2011 ist der Startschuss zur Neuregelung gefallen

Im Jahr 2011 hatte die Kommission beschlossen, eine Anpassung von neun europäischen Harmonisierungsrechtsvorschriften an den Beschluss 768/2008/EG („New Legislative Framework", siehe unten) vorzunehmen. Die geltenden Vorschriften waren nämlich im Lauf der letzten 40 Jahre schrittweise entwickelt worden, wodurch Diskrepanzen in den Anforderungen für verschiedene Branchen entstanden – beispielsweise in Bezug auf unterschiedliche Anforderungen für Kennzeichnung und Rückverfolgbarkeit, Divergenzen bei der Konformitätserklärung und den geltenden rechtlichen Definitionen.

Das Anpassungsvorhaben wird von der Kommission als „Alignment Package" bezeichnet, ein Begriff, der sich auch in Deutschland eingebürgert hat. Die vom Alignment Package betroffenen Richtlinien sind die Folgenden:

*Betroffene Richtlinien*

- Niederspannungsrichtlinie 2006/95/EWG
- Richtlinie über Aufzüge 95/16/EG
- ATEX-Richtlinie 94/9/EG
- EMV-Richtlinie 2004/108/EG
- Richtlinie über einfache Druckbehälter 2009/105/EG
- Messgeräterichtlinie 2004/22/EG
- Richtlinie über nichtselbsttätige Waagen 2009/23/EG
- Richtlinie über Explosivstoffe für zivile Zwecke 93/15/EWG
- Pyrotechnische Gegenstände 2007/23/EG

## Vom „New Approach" zum New Legislative Framework

2008 wurde im EU-Amtsblatt L 21 unter der Nummer 768/2008/EG der Beschluss des Europäischen Parlaments und des Rates vom 9. Juli 2008 über einen gemeinsamen Rechtsrahmen für die Vermarktung von Produkten und zur Aufhebung des bis dato gültigen Beschlusses 93/465/EWG des Rates (New Approach oder Neues Konzept) veröffentlicht. Der damalige New Approach dürfte allen Herstellern und Produktverantwortlichen, die sich intensiver mit dem Thema CE-Kennzeichnung beschäftigt haben, ein Begriff sein.

> **Wichtiger Hinweis**
>
> Das Konzept des New Approach sollte zur Beseitigung technischer Handelshemmnisse im europäischen Binnenmarkt dienen und einem einheitlichen Niveau bei der Sicherheit der Produkte und dem Gesundheits- bzw. Verbraucherschutz dienen.

Die auf der Grundlage dieses Konzepts entstandenen Produktrichtlinien beschränken sich auf allgemein gehaltene, sogenannte „grundlegende Anforderungen". Die technische Konkretisierung der Inhalte wird den europäischen Normenorganisationen CEN, CENELEC und ETSI übertragen und hat bezüglich der Richtlinien inhaltlich für alle die gleiche Vorgehensweise:

*Konkrete Vorgehensweise*

1. Die **Nennung der grundlegenden Sicherheits- und Gesundheitsanforderungen**, die ein Produkt erfüllen muss, damit es innerhalb der EU in den Verkehr gebracht werden kann.

2. Die Konkretisierung der grundlegenden Anforderungen durch **harmonisierte Normen** (die Anwendung der harmonisierten Normen ist freiwillig).

3. Die **Verantwortlichkeit** für die Konformität seiner Produkte gegenüber den gesetzlichen Forderungen **liegt immer beim Hersteller**. Er erklärt die Konformität in der EG-Konformitätserklärung und belegt dies durch die Vergabe der CE-Kennzeichnung auf dem Produkt oder der Verpackung.

Die Bezeichnung des durch den Beschluss 768/2008/EG neuen bzw. überarbeiteten „New Approach"-Harmonisierungskonzepts lautet jetzt „New Legislative Framework".

## Die Grundsätze des New Legislative Framework

Der Beschluss 768/2008/EG definiert die prinzipiellen Grundsätze, die bei der Überarbeitung oder Neufassung der produktsicherheitsrelevanten EU-Richtlinien strukturell angewendet werden sollen. Darüber hinaus bietet er einen Rahmen für künftige Rechtsvorschriften zur Harmonisierung der Bedingungen für die Produktvermarktung. Kerngedanken sind u.a.:

- Schaffung eines **gemeinsamen Rechtsrahmens** für Industrieerzeugnisse in Form eines einheitlichen Kanons von Maßnahmen für den Einsatz in künftigen Rechtsvorschriften

- **EU-weite Vereinheitlichung wichtiger Begriffe**, „Hersteller", „Bereitstellung auf dem Markt", „Inverkehrbringen" ,"CE Kennzeichnung"

- **Verstärkung der Marktüberwachung** zum besseren Schutz der Verbraucher und der gewerblichen Nutzer vor unsicheren Produkten

- **Qualitätsoptimierung der Konformitätsbewertung** von Produkten

*Zeitnahe Umsetzung*

In gegenwärtig bestehenden Rechtsakten können die neuen Bestimmungen aus dem Beschluss 768/2008/EG erst integriert werden, wenn diese Rechtsakte überarbeitet werden. Um die Wartezeit zu verkürzen, hat die EU-Kommission das „Alignment Package" entwickelt. Damit wird gewährleistet, dass die Verbesserungen für den freien Warenverkehr in den betreffenden Branchen zeitnah erfolgen können.

> **Internet-Tipp**
>
> In welcher Form die EU-Kommission produktsicherheitsrelevante Rechtsvorschriften künftig vereinheitlichen und konsolidieren will, wird in der von ihr im Januar 2014 veröffentlichten „Vision für einen Europäischen Binnenmarkt" dezidiert beschrieben. Die „Vision" finden Sie unter **http://bit.ly/1pa9uFa**.

## Aus neun Richtlinien sind jetzt acht geworden

Nachdem das Europäische Parlament dem Alignment Package am 05.02.2014 zugestimmt hat, wurde das Paket am 29.03.2014 im Amtsblatt der EU 2014 L 96 veröffentlicht. Das Inkrafttreten wurde auf den 20.04.2016 festgelegt – die Richtlinien wurden gänzlich neu erlassen und lösen ihre jeweiligen Vorgängerrichtlinien ab (siehe nachfolgende Übersicht).

*Übersicht: Neue Richtlinien im Rahmen des Alignment Package*

| Neue Richtlinie | Amtlicher Titel | Ersetzt |
|---|---|---|
| 2014/28/EU (Explosivstoffe für zivile Zwecke) | Richtlinie 2014/28/EU des Europäischen Parlaments und des Rates vom 26. Februar 2014 zur Harmonisierung der Rechtsvorschriften der Mitgliedstaaten über die Bereitstellung auf dem Markt und die Kontrolle von Explosivstoffen für zivile Zwecke (Neufassung) | Richtlinie 93/15/EWG |
| 2014/29/EU (Druckbehälter) | Richtlinie 2014/29/EU des Europäischen Parlaments und des Rates vom 26. Februar 2014 zur Harmonisierung der Rechtsvorschriften der Mitgliedstaaten über die Bereitstellung einfacher Druckbehälter auf dem Markt | Richtlinie 2009/105/EG |
| 2014/30/EU (EMV) | Richtlinie 2014/30/EU des Europäischen Parlaments und des Rates vom 26. Februar 2014 zur Harmonisierung der Rechtsvorschriften der Mitgliedstaaten über die elektromagnetische Verträglichkeit (Neufassung) | Richtlinie 2004/108/EG |
| 2014/31/EU (nichtselbsttätige Waagen) | Richtlinie 2014/31/EU des Europäischen Parlaments und des Rates vom 26. Februar 2014 zur Angleichung der Rechtsvorschriften der Mitgliedstaaten betreffend die Bereitstellung nichtselbsttätiger Waagen auf dem Markt | Richtlinie 2009/23/EG |

| Neue Richtlinie | Amtlicher Titel | ersetzt |
|---|---|---|
| 2014/32/EU (Messgeräte) | Richtlinie 2014/32/EU des Europäischen Parlaments und des Rates vom 26. Februar 2014 zur Harmonisierung der Rechtsvorschriften der Mitgliedstaaten über die Bereitstellung von Messgeräten auf dem Markt (Neufassung) | Richtlinie 2004/22/EG |
| 2014/33/EU (Aufzüge) | Richtlinie 2014/33/EU des Europäischen Parlaments und des Rates vom 26. Februar 2014 zur Angleichung der Rechtsvorschriften der Mitgliedstaaten über Aufzüge und Sicherheitsbauteile für Aufzüge | Richtlinie 95/16/EG |
| 2014/34/EU (ATEX) | Richtlinie 2014/34/EU des Europäischen Parlaments und des Rates vom 26. Februar 2014 zur Harmonisierung der Rechtsvorschriften der Mitgliedstaaten für Geräte und Schutzsysteme zur bestimmungsgemäßen Verwendung in explosionsgefährdeten Bereichen (Neufassung) | Richtlinie 94/9/EG |
| 2014/35/EU (Niederspannung) | Richtlinie 2014/35/EU des Europäischen Parlaments und des Rates vom 26. Februar 2014 zur Harmonisierung der Rechtsvorschriften der Mitgliedstaaten über die Bereitstellung elektrischer Betriebsmittel zur Verwendung innerhalb bestimmter Spannungsgrenzen auf dem Markt (Neufassung) | Richtlinie 2006/95/EG |

Sie haben sicher schon bemerkt, dass im Gegensatz zu den angekündigten neun Richtlinien nur acht im Rahmen des Alignment Package verabschiedet wurden. Der Grund ist einfach – die neue Richtlinie 2013/29/EU (Pyrotechnik) hat die bisherige Richtlinie 2007/23/EG über das Inverkehrbringen von pyrotechnischen Gegenständen schon am 28.06.2013 abgelöst (teilweises Inkrafttreten am 28.06.2013 bzw. zum 01.07.2015).

### Verringerter Verwaltungsaufwand in acht Industriezweigen erwartet

Die Europäische Kommission hebt in einem offiziellen Statement hervor, dass mehrere Industriezweige verwaltungstechnisch entlastet werden, und zwar die Produktbereiche

- Kran- und Aufzugsanlagen,
- elektrische und elektronische Geräte,
- einfache Druckbehälter,
- nicht selbsttätige Waagen,
- Messgeräte,
- Explosivstoffe für zivile Zwecke,
- Geräte zur Verwendung in explosionsgefährdeten Bereichen und
- Geräte, die elektromagnetische Störungen verursachen.

Ziel der Gesetzgebung sei es, die Produktsicherheit in der gesamten EU wirksamer zu gestalten sowie eine größere Einheitlichkeit und eine einfache Befolgung geltender Gesetze in allen Branchen sicherzustellen. Die Richtlinien enthalten laut Kommission die folgenden gemeinschaftlichen Elemente:

*Ziel der Gesetzgebung*

1. **Klarer umrissene Verantwortlichkeiten** der Hersteller, Einführer und Verteiler beim Produktvertrieb (z.B. in Bezug auf die Konformitätskennzeichnung, Etikettierung und Rückverfolgbarkeit von Produkten).

2. Die Möglichkeit eines **breiteren Einsatzes elektronischer Mittel** für die Wirtschaftsakteure bei dem Nachweis der Konformität (so muss beispielsweise die technische Produktdokumentation nicht unbedingt in Papierform vorgelegt, sondern kann den Überwachungsbehörden in elektronischer Fassung übermittelt werden).

3. Mehr Garantien für die Verbrauchersicherheit durch ein Rückverfolgbarkeitssystem, das die **Rückverfolgung defekter oder unsicherer Produkte** ermöglicht, sowie durch klarer formulierte Rechtsvorschriften und verbesserte Überwachung der Konformitätsbewertungsstellen.

4. **Bessere Ausstattung der nationalen Marktüberwachungsbehörden**, damit diese gefährliche Einfuhren aus Drittstaaten verfolgen und unterbinden können.

Im Rahmen dieses Fachbuchs geht es nachfolgend – wie der Titel schon sagt – um die neue EMV- sowie die Niederspannungsrichtlinie.

# 2 Elektromagnetische Verträglichkeit (EMV) – Nationale und europäische Rechtsgrundlagen

**Problemstellung und historische Entwicklung**

Im Grunde bedeutet der Begriff EMV, dass ein elektrotechnisches Produkt in seiner Umgebung zufriedenstellend funktionieren sollte: Dies beinhaltet, dass das Produkt

1. nicht durch irgendwelche Störungen aus der Nachbarschaft oder weiteren Umgebung **elektromagnetisch beeinflusst wird** und
2. selbst **keinerlei Störungen erzeugt**, die in dieser Umgebung eine Störung, d.h. elektromagnetische Beeinflussung, hervorrufen.

Technisch gesehen geht es also um die Störaussendungs- und die Störfestigkeitsproblematik von elektrotechnischen Produkten und Einrichtungen untereinander. Unerheblich ist dabei, ob es sich um eine geleitete und gestrahlte Störaussendungs- und Störfestigkeitsproblematik handelt.

> **Wichtiger Hinweis**
>
> Außer Acht gelassen wird beim Begriff EMV meist die Wirkung elektromagnetischer Wellen (ob gewollt oder ungewollt) auf biologische Systeme. Diesbezüglich wird das Kürzel „EMVU" („U" für Umwelt) verwendet.

Bei der Entwicklung der Elektrotechnik stand Deutschland bekanntermaßen an vorderster Stelle. Wie der renommierte EMV-Experte Diethard E.C. Möhr berichtet, hatte der Deutsche Reichstag schon in der Kaiserzeit das „Gesetz über das Telegraphenwesen des Deutschen Reiches" beschlossen.

*Historische Entwicklungen*

Dabei wurde 1892 weltweit erstmalig eine Rechtsnorm geschaffen, die sich u.a. mit der Auswirkung von elektromagnetischen Störungen auf Geräte und Installationen des Telegrafenwesens befasste und die Vorgehensweise beim Auftreten solcher Störungen regelte. Grund dafür war die Erkenntnis, dass Elektrokabel sich gegenseitig stören und besonders negative Auswirkungen auf den Telegrafen- und Fernsprechverkehr besitzen.

In die breite Öffentlichkeit geriet das Thema im Dezember 1920. Der Reichssender in Königs Wusterhausen strahlte das Weihnachtskonzert der Postbeamten aus. Beim Empfang der Sendung im nahe gelegenen Schloss von Königs Wusterhausen im Beisein von Reichskanzler Hermann Müller machten sich die Funkstörungen der vorfahrenden Automobile als Knackgeräusche im Lautsprecher äußerst störend bemerkbar. Der Reichskanzler verlangte Abhilfe, sieben Jahre später wurde das „Deutsche Hochfrequenzgerätegesetz" erlassen und regelte die „Funk(en)störung" bzw. „Funk(en)entstörung".

*Knacken im Radio – von der Funkstörung zur EMV*

1933 kam es in Paris zur Gründung des Internationalen Komitees für die Funkentstörung (CISPR). 1973 wurde daraufhin im Rahmen der Internationalen Elektrotechnischen Kommission (IEC) das Technische Komitee TC 77 gegründet, das sich ausschließlich mit

# Elektromagnetische Verträglichkeit | Kapitel 2

EMV beschäftigt. Das Hochfrequenzgerätegesetz galt – mit diversen Novellierungen – als „Gesetz über den Betrieb von Hochfrequenzgeräten" bis Ende 1995.

*Der lange Weg zum EMVG*

Der erste Gesetzesentwurf zum Gesetz über die elektromagnetische Verträglichkeit von Geräten stammt aus dem Jahr 1992. Mit dem EMVG sollte die Richtlinie 89/336/EWG zur Angleichung der Rechtsvorschriften der Mitgliedstaaten über die elektromagnetische Verträglichkeit in innerstaatliches Recht umgesetzt werden. Die Bundesrepublik Deutschland war übrigens verpflichtet, die Vorschriften der EMV-Richtlinie vom 1. Januar 1992 an anzuwenden.

Die Richtlinie schreibt vor, dass in den Staaten der Europäischen Gemeinschaften im Zuge des freien Warenverkehrs elektrische und elektronische Geräte mit „CE-Zeichen" grundsätzlich von jedermann gebühren- und genehmigungsfrei betrieben werden konnten. Die Mitgliedstaaten wurden ferner verpflichtet, alle erforderlichen Maßnahmen zu treffen, die die elektromagnetische Verträglichkeit der Geräte gewährleisten.

*Inkrafttreten zum 30.08.1995*

Die damalige Bundesregierung führte in ihrer Begründung zum EMVG aus, dass mittels des neuen Gesetzes die Verfahren zur Sicherung der elektromagnetischen Verträglichkeit, insbesondere die Sicherung des störungsfreien Funkempfangs durch die Funkmessdienste des damals zuständigen Bundesamts für Post und Telekommunikation, geregelt werden. Das EMVG trat zum 30.08.1995 in Kraft und ersetzte das Gesetz über den Betrieb von Hochfrequenzgeräten und des Durchführungsgesetzes EG-Richtlinien Funkstörungen.

Eine erste gravierende Änderung erfuhr das Gesetz im Jahr 1998 in Form einer gänzlichen Neufassung. Durch den Gesetzentwurf wurden u.a. Verordnungsermächtigungen zur Regelung

- der Anerkennung zuständiger Stellen,
- der Beleihung benannter Stellen und
- der Durchführung von Maßnahmen zur Ermittlung und Beseitigung elektromagnetischer Unverträglichkeiten

geschaffen.

*Novellierung 2007/2008*

2007/2008 erfuhr das EMVG wiederum eine gravierende Änderung. Der Titel des Gesetzes lautete ab jetzt „Gesetz über die elektromagnetische Verträglichkeit von Betriebsmitteln". Mit der Novellierung wurden die Vorgaben der Richtlinie 2004/108/EG über die elektromagnetische Verträglichkeit und zur Aufhebung der Richtlinie 89/336/EWG (ABl. EU Nr. L 390/24) umgesetzt. Neben der Übernahme des Richtlinientexts wurde das EMVG durch nationale Anteile, die durch die Bundesnetzagentur (BNetzA) insbesondere im Wege der Marktbeobachtung und Marktaufsicht auszuführen sind, ergänzt.

Das „neue" EMVG trat dann im Februar 2008 in Kraft und gilt – mit geringfügigen Änderungen – auch aktuell. Eine erneute umfangreiche Änderung des EMVG ist aufgrund der Neuregelung der EMV-Richtlinie 2014/30/EU bis zum Frühjahr 2016 unumgänglich.

## Die EMV-Richtlinien

Die erste EMV-Richtlinie führte in der Begründung der Kommission zuerst aus, dass die Richtlinie zur Schaffung des europäischen Binnenmarkts zum Ende des Jahres 1992 notwendig sei. Demzufolge müssten die Mitgliedstaaten gewährleisten, dass die Funkdienste sowie die Vorrichtungen, Geräte und Systeme, deren Betrieb Gefahr läuft, durch die von elektrischen und elektronischen Geräten verursachten elektromagnetischen Störungen behindert zu werden, gegen diese Störungen ausreichend geschützt werden.

*Die Richtlinie 89/336/EWG*

Außerdem hätten die Mitgliedstaaten die Aufgabe, für den Schutz der Verteilernetze für elektrische Energie gegen elektromagnetische Störungen zu sorgen, die diese Netze und demzufolge die durch diese Netze gespeisten Geräte beeinträchtigen können. Seit dem 01.01.1996 mussten elektrische oder elektronische Apparate im Geltungsbereich der Richtlinie 89/336/EWG die CE-Kennzeichnung tragen.

Hauptziel der EMV-Richtlinie war es, den freien Verkehr von Geräten im Gemeinschaftsgebiet (hier der EWR) zu gewährleisten und eine annehmbare elektromagnetische Umgebung zu schaffen. Um dies zu erreichen, fordert die Richtlinie zur vollständigen Harmonisierung im EWR ein harmonisiertes und annehmbares Schutzniveau ein. Das geforderte Schutzniveau wurde in der Richtlinie 89/336/EWG durch sogenannte Schutzziele im Bereich der elektromagnetischen Verträglichkeit weiter konkretisiert.

*Zielsetzung*

Die Hauptziele bestehen darin

1. sicherzustellen, dass die von elektrischen und elektronischen Geräten erzeugten elektromagnetischen Störungen **das korrekte Funktionieren anderer Geräte** (alle elektrischen und elektronischen Apparate, Anlagen und Systeme, die elektrische und/oder elektronische Bauteile enthalten) sowie von Funk- und Telekommunikationsnetzen, dazugehörigen Einrichtungen und von Verteilnetzen für elektrische Energie **nicht beeinträchtigen** und

2. sicherzustellen, dass Geräte ein angemessenes **eigenes Störfestigkeitsniveau gegenüber elektromagnetischen Störungen** aufweisen, damit sie bestimmungsgemäß betrieben werden können.

Dazu sind in der Richtlinie Schutzanforderungen und Verfahren festgelegt, nach denen der Hersteller seine Geräte anhand dieser Anforderungen selbst bewerten bzw. eine Bewertung durch Dritte durchführen lassen kann. Elektrische und elektronische Geräte, die den Bestimmungen der Richtlinie 89/336/EWG entsprechen, durften im EWR in Verkehr gebracht werden, am freien Warenverkehr teilnehmen und in dem elektromagnetischen Umfeld betrieben werden, für das sie entwickelt wurden und bestimmt sind. Die folgenden Produkte fallen unter die Richtlinie:

- Rundfunkgeräte
- Fernsehgeräte
- Elektro-Haushaltsgeräte
- handgeführte Elektrowerkzeuge
- Leuchten und Leuchtstofflampen
- Funkgeräte verschiedenster Art
- Industrieausrüstungen
- informationstechnische Geräte
- Telekommunikationsgeräte

# Elektromagnetische Verträglichkeit | Kapitel 2

*Die Richtlinie 2004/108/EG*

Mit der Richtlinie 2004/108/EG über elektromagnetische Verträglichkeit (EMV) wurde die frühere EMV-Richtlinie 89/336/EWG aufgehoben. Die Ziele blieben dabei jedoch unverändert:

1. Gewährleistung des **freien Verkehrs** von Geräten und
2. Schaffung einer **akzeptablen elektromagnetischen Umgebung** im Gebiet der Gemeinschaft.

Auch die ursprünglichen Schutzanforderungen wurden in der Praxis nicht verändert, diese gelten weiterhin für Geräte und ortsfeste Anlagen. Hauptziel der Richtlinie ist die elektromagnetische Verträglichkeit von Betriebsmitteln. Zur Erreichung dieses Ziels wurden Bestimmungen festgelegt, nach denen

- **Betriebsmittel (Geräte und ortsfeste Anlagen)** die Anforderungen der Richtlinie 2004/108/EG erfüllen müssen, wenn sie in Verkehr gebracht und/oder in Betrieb genommen werden, und
- **ortsfeste Anlagen** nach anerkannten Regeln der Technik installiert werden müssen, wobei die zuständigen Behörden der Mitgliedstaaten bei Nichteinhaltung der Anforderungen Maßnahmen anordnen können.

## Neun Unterschiede zwischen 89/336/EWG und 2004/108/EG

Die wichtigsten Änderungen der Richtlinie 2004/108/EG gegenüber der Richtlinie 89/336/EWG betreffen die folgenden Punkte:

1. Klarer Unterschied zwischen den Anforderungen und Bewertungsverfahren für Geräte im Gegensatz zu ortsfesten Anlagen
2. Eindeutige Definitionen für Geräte und ortsfeste Anlagen
3. Ortsfeste Anlagen müssen zwar die Schutzanforderungen der Richtlinie 2004/108/EG erfüllen, eine EG-Konformitätserklärung bzw. CE-Kennzeichnung ist nicht erforderlich.
4. Bewegliche Anlagen gelten generell als Geräte.
5. Dokumentations- und Informationspflichten für Geräte sind geändert worden.
6. Nur noch ein einzelnes Verfahren zur Konformitätsbewertung bei Geräten. Die Hinzuziehung eines Dritten ist nicht zwingend erforderlich, der Hersteller darf die technischen Unterlagen jedoch einer benannten Stelle zur Bewertung vorlegen.
7. Weicht der Hersteller von den harmonisierten europäischen Normen ab oder wendet er sie nicht vollständig an, muss er eine EMV-Bewertung durchführen und anhand von Unterlagen detailliert nachweisen, dass das Gerät den Schutzanforderungen der Richtlinie 2004/108/EG entspricht.
8. Ein Gerät, das für eine bestimmte ortsfeste Anlage vorgesehen und im Handel nicht erhältlich ist, braucht keine Konformitätserklärung und CE-Kennzeichnung. Voraussetzung ist allerdings, dass die Unterlagen bestimmten Anforderungen entsprechen (beispielsweise Hinweise auf Vorkehrungen, die getroffen werden müssen, um die EMV-Eigenschaften der ortsfesten Anlage nicht zu beeinträchtigen).
9. Benannte Stellen besitzen keine regulatorische Funktion mehr.

## Elektromagnetische Verträglichkeit | Kapitel 2

Am 29.03.2014 wurde wiederum eine neue EMV-Richtlinie veröffentlicht – die Richtlinie 2014/30/EU. Bezüglich der Richtlinie 2004/108/EG gilt eine Übergangsfrist bis zum 20. April 2016. Die Richtlinie 2014/30/EU ist, wie alle Richtlinien, selbstverständlich für alle Mitgliedstaaten verbindlich. Sie enthält sechs Kapitel mit insgesamt 47 Artikeln und sechs Anhängen. Zur Begründung für die komplette Neufassung der Richtlinie wird von der Kommission angeführt, dass dies aus Klarheitsgründen empfehlenswert sei.

*Die Richtlinie 2014/30/EU*

In erster Linie geht es um die Anpassung der EMV-Regelungen an die Verordnung (EG) Nr. 765/2008 über die Vorschriften für die Akkreditierung und Marktüberwachung im Zusammenhang mit der Vermarktung von Produkten. Dort werden u.a.

- Bestimmungen für die **Akkreditierung von Konformitätsbewertungsstellen** festgelegt,
- ein Rahmen für die **Marktüberwachung** von Produkten sowie für Kontrollen von aus Drittländern stammenden Produkten erstellt und
- die **allgemeinen Prinzipien** für die CE-Kennzeichnung festgelegt.

Außerdem soll die Richtlinie an die gemeinsamen Grundsätze und Musterbestimmungen des Beschlusses 768/2008/EG über einen gemeinsamen Rechtsrahmen für die Vermarktung von Produkten angeglichen werden.

Laut Erwägungsgrund 4 der Richtlinie sollten die Mitgliedstaaten gewährleisten, dass Funkdienstnetze, einschließlich Rundfunkempfang und Amateurfunkdienst, die gemäß der Vollzugsordnung für den Funkdienst der Internationalen Fernmeldeunion (ITU) betrieben werden, Stromversorgungs- und Telekommunikationsnetze sowie die an diese Netze angeschlossenen Geräte gegen elektromagnetische Störungen geschützt werden.

Die Hersteller müssen sicherstellen, dass ihre Produkte auf dem Markt gemäß den Sicherheitszielen entworfen und hergestellt wurden. Sie müssen die technischen Unterlagen erstellen und das Konformitätsbewertungsverfahren durchführen bzw. durchführen lassen. Zudem müssen sie die EU-Konformitätserklärung ausstellen und die CE-Kennzeichnung anbringen. Die Bevollmächtigten des Herstellers müssen in erster Linie die EU-Konformitätserklärung und die technischen Unterlagen zehn Jahre lang bereithalten; die genannten Herstellerpflichten gelten für sie nicht.

*Pflichten der Hersteller*

Die Importeure müssen dagegen sicherstellen, dass der Hersteller das Konformitätsbewertungsverfahren durchgeführt sowie die technischen Unterlagen erstellt hat. Die Händler sind künftig zur Prüfung verpflichtet, ob die Betriebsmittel mit der CE-Kennzeichnung sowie dem Namen des Herstellers und gegebenenfalls des Importeurs versehen und die erforderlichen Unterlagen und Anleitungen beigefügt sind.

### Aufpassen

Unter die Richtlinie fallen laut Erwägungsgrund 6 alle Produkte, die beim Inverkehrbringen neu auf den Markt der Union gelangen; das bedeutet, dass es sich entweder um neue, von einem in der Union niedergelassenen Hersteller erzeugte Produkte oder neue oder gebrauchte Produkte handelt, die aus einem Drittland eingeführt wurden. Bestimmte Bauteile und Baugruppen sollten unter bestimmten Voraussetzungen als Geräte betrachtet werden, wenn sie für Endnutzer bereitgestellt werden (Erwägungsgrund 9).

# Elektromagnetische Verträglichkeit | Kapitel 2

*Zielsetzung der Richtlinie 2014/30/EU*

Die neue Richtlinie soll inhaltlich zu einer Vereinfachung der Verwaltungsverfahren und einer Kostenreduzierung für die Hersteller sowie zu einer Verbesserung der Information und Dokumentation über die Produkte für die Marktaufsichtsbehörden führen.

*Konformitätsbewertung durch den Hersteller*

Künftig entfallen die zwei getrennten Konformitätsbewertungsverfahren für Hersteller, die bislang die Hinzuziehung einer unabhängigen Prüf- und Kontrollstelle verlangten. Der Hersteller ist dann allein für die Konformität der Produkte und die Anbringung der CE-Kennzeichnung verantwortlich.

*Höhere Anforderungen hinsichtlich Dokumentation und Information*

Der Hersteller oder sein Vertreter muss den Aufsichtsbehörden weitere Kontrollmöglichkeiten bereitstellen, die eine genauere Identifikation des Betriebsmittels (Typ, Seriennummer usw.) ermöglichen. Gleichzeitig sind Name und Anschrift des Herstellers bzw. seines Vertreters sowie gegebenenfalls der Inverkehrbringer (Importeur) mitzuteilen. Die erforderliche Dokumentation muss mindestens zehn Jahre gespeichert und verfügbar gehalten werden.

Dokumentationen sind künftig verbindlich in einer Sprache zu verfassen, die von lokalen Behörden bzw. den Endnutzern einer Maschine oder Anlage verstanden wird.

*Besondere Bestimmungen für ortsfeste Anlagen*

Laut Erwägungsgrund 8 sollen Betriebsmittel, die von dieser Richtlinie erfasst werden, sowohl Geräte als auch ortsfeste Anlagen umfassen. Für beide sollten jedoch unterschiedliche Regelungen getroffen werden. Der Grund dafür ist, dass ein Gerät innerhalb der EU an jeden Ort verbracht werden kann, während eine ortsfeste Anlage eine Gesamtheit von Geräten und gegebenenfalls anderer Einrichtungen ist, die dauerhaft an einem bestimmten Ort installiert ist.

Diese Anlagen müssen aber trotzdem die Schutzanforderungen der Richtlinie erfüllen, um mögliche Störungen in Grenzen zu halten und die Einheitlichkeit der elektromagnetischen Umgebung sicherzustellen.

Die weiteren Einzelheiten können Sie der Synopse im entsprechenden Kapitel entnehmen.

# Synoptische Kommentierung der neuen EMV-Richtlinie 2014/30/EU

| Bisherige Richtlinie 2004/108/EG | Neue Richtlinie 2014/30/EU | Kommentierung |
|---|---|---|
| Artikel 1 Gegenstand und Geltungsbereich | **Artikel 1 Gegenstand** | |
| (1) Gegenstand dieser Richtlinie ist die elektromagnetische Verträglichkeit von Betriebsmitteln. Sie soll das Funktionieren des Binnenmarkts für Betriebsmittel dadurch gewährleisten, dass ein angemessenes Niveau der elektromagnetischen Verträglichkeit festgelegt wird. Diese Richtlinie gilt für Betriebsmittel gemäß der Begriffsbestimmung in Artikel 2. | Gegenstand dieser Richtlinie ist die elektromagnetische Verträglichkeit von Betriebsmitteln. Sie soll das Funktionieren des Binnenmarkts für Betriebsmittel dadurch gewährleisten, dass ein angemessenes Niveau der elektromagnetischen Verträglichkeit festgelegt wird. | *identisch (Absatz 1 Satz 1)* |
| | **Artikel 2 Geltungsbereich** | |
| | (1) Diese Richtlinie gilt für Betriebsmittel gemäß der Begriffsbestimmung in Artikel 3. | *identisch mit Artikel 1 Absatz 1 Satz 2* |
| (2) Diese Richtlinie gilt nicht für | (2) Diese Richtlinie findet keine Anwendung auf | *identisch* |
| a) Betriebsmittel, die von der Richtlinie 1999/5/EG erfasst werden; | a) Betriebsmittel, die von der Richtlinie 1999/5/EG erfasst werden; | *identisch* |
| b) luftfahrttechnische Erzeugnisse, Teile und Ausrüstungen im Sinne der Verordnung (EG) Nr. 1592/2002 des Europäischen Parlaments und des Rates vom 15. Juli 2002 zur Festlegung gemeinsamer Vorschriften für die Zivilluftfahrt und zur Errichtung einer Europäischen Agentur für Flugsicherheit; | b) luftfahrttechnische Erzeugnisse, Teile und Ausrüstungen im Sinne der Verordnung (EG) Nr. 216/2008 des Europäischen Parlaments und des Rates vom 20. Februar 2008 zur Festlegung gemeinsamer Vorschriften für die Zivilluftfahrt und zur Errichtung einer Europäischen Agentur für Flugsicherheit, zur Aufhebung der Richtlinie 91/670/EWG des Rates, der Verordnung (EG) Nr. 1592/2002 und der Richtlinie 2004/36/EG; | *Anpassung an die geänderten Vorgaben der neuen Verordnung (EG) Nr. 216/2008* |
| c) Funkgeräte, die von Funkamateuren im Sinne der im Rahmen der Konstitution und Konvention der ITU erlassenen Vollzugsordnung genutzt werden, es sei denn, diese Geräte sind im Handel erhältlich. Bausätze, die von Funkamateuren zusammenzubauen sind, und handelsübliche Geräte, die von Funkamateuren zur Nutzung durch Funkamateure umgebaut werden, gelten nicht als im Handel erhältliche Betriebsmittel. | c) Funkgeräte, die von Funkamateuren im Sinne der im Rahmen der Konstitution der Internationalen Fernmeldeunion und der Konvention der Internationalen Fernmeldeunion erlassenen Vollzugsordnung genutzt werden, es sei denn, diese Betriebsmittel werden auf dem Markt bereitgestellt; | *Klarstellung – die genannten Funkgeräte, die als Betriebsmittel auf dem Markt bereitgestellt werden, sind grundsätzlich nicht von der EMV-Richtlinie ausgenommen* |
| (3) Diese Richtlinie gilt ferner nicht für Betriebsmittel, die aufgrund ihrer physikalischen Eigenschaften | d) Betriebsmittel, die aufgrund ihrer physikalischen Eigenschaften | *identisch* |
| a) einen so niedrigen elektromagnetischen Emissionspegel haben oder in so geringem Umfang zu elektromagnetischen Emissionen beitragen, dass ein bestimmungsgemäßer Betrieb von Funk- und Telekommunikationsgeräten und sonstigen Betriebsmitteln möglich ist, und | i) einen so niedrigen elektromagnetischen Emissionspegel haben oder in so geringem Umfang zu elektromagnetischen Emissionen beitragen, dass ein bestimmungsgemäßer Betrieb von Funk- und Telekommunikationsgeräten und sonstigen Betriebsmitteln möglich ist, und | *identisch* |

| Bisherige Richtlinie 2004/108/EG | Neue Richtlinie 2014/30/EU | Kommentierung |
|---|---|---|
| b) unter Einfluss der bei ihrem Einsatz üblichen elektromagnetischen Störungen ohne unzumutbare Beeinträchtigung betrieben werden können. | ii) unter Einfluss der bei ihrem Einsatz üblichen elektromagnetischen Störungen ohne unzumutbare Beeinträchtigung betrieben werden können. | *identisch* |
| (4) Werden für die Betriebsmittel im Sinne des Absatzes 1 in anderen gemeinschaftlichen Richtlinien spezifischere Festlegungen für einzelne oder alle grundlegenden Anforderungen des Anhangs I getroffen, so gilt die vorliegende Richtlinie bezüglich dieser Anforderungen für diese Betriebsmittel nicht beziehungsweise nicht mehr ab dem Zeitpunkt der Anwendung dieser anderen Richtlinien. | (3) Werden für die Betriebsmittel im Sinne des Absatzes 1 in anderen Rechtsvorschriften der Union spezifischere Festlegungen für einzelne oder alle in Anhang I beschriebenen wesentlichen Anforderungen getroffen, so gilt die vorliegende Richtlinie bezüglich dieser Anforderungen für diese Betriebsmittel nicht beziehungsweise nicht mehr ab dem Datum der Anwendung dieser Rechtsvorschriften der Union. | *identisch (grundlegende Anforderungen des Anhangs I werden durch wesentliche Anforderungen des neuen Anhangs I ersetzt)* |
| (5) Die Anwendung der gemeinschaftlichen und einzelstaatlichen Rechtsvorschriften für die Sicherheit von Betriebsmitteln wird von dieser Richtlinie nicht berührt. | (4) Die Anwendung der Rechtsvorschriften der Union und der nationalen Rechtsvorschriften für die Sicherheit von Betriebsmitteln wird von dieser Richtlinie nicht berührt. | *identisch* |
| Artikel 2 Begriffsbestimmungen | **Artikel 3 Begriffsbestimmungen** | |
| (1) Im Sinne dieser Richtlinie bezeichnet der Ausdruck | (1) Für die Zwecke dieser Richtlinie gelten die folgenden Begriffsbestimmungen: | *trotz verändertem Wortlaut identische Bedeutung* |
| a) „Betriebsmittel" ein Gerät oder eine ortsfeste Anlage; | 1. „Betriebsmittel": ein Gerät oder eine ortsfeste Anlage; | *identisch* |
| b) „Gerät" einen fertigen Apparat oder eine als Funktionseinheit in den Handel gebrachte Kombination solcher Apparate, der bzw. die für Endnutzer bestimmt ist und elektromagnetische Störungen verursachen kann oder dessen bzw. deren Betrieb durch elektromagnetische Störungen beeinträchtigt werden kann; | 2. „Gerät": ein fertiger Apparat oder eine als Funktionseinheit auf dem Markt bereitgestellte Kombination solcher Apparate, der bzw. die für Endnutzer bestimmt ist und elektromagnetische Störungen verursachen kann oder dessen bzw. deren Betrieb durch elektromagnetische Störungen beeinträchtigt werden kann; | *wichtiger Unterschied gemäß neuer Definition in Artikel 3 Absatz 1 Nummer 9* |
| c) „ortsfeste Anlage" eine besondere Kombination von Geräten unterschiedlicher Art und gegebenenfalls weiteren Einrichtungen, die miteinander verbunden oder installiert werden und dazu bestimmt sind, auf Dauer an einem vorbestimmten Ort betrieben zu werden; | 3. „ortsfeste Anlage": eine besondere Kombination von Geräten unterschiedlicher Art und gegebenenfalls weiteren Einrichtungen, die miteinander verbunden oder installiert werden und dazu bestimmt sind, auf Dauer an einem vorbestimmten Ort betrieben zu werden; | *identisch* |
| d) „elektromagnetische Verträglichkeit" die Fähigkeit eines Betriebsmittels, in seiner elektromagnetischen Umgebung zufriedenstellend zu arbeiten, ohne dabei selbst elektromagnetische Störungen zu verursachen, die für andere Betriebsmittel in derselben Umgebung unannehmbar wären; | 4. „elektromagnetische Verträglichkeit": die Fähigkeit eines Betriebsmittels, in seiner elektromagnetischen Umgebung zufriedenstellend zu arbeiten, ohne dabei selbst elektromagnetische Störungen zu verursachen, die für andere Betriebsmittel in derselben Umgebung unannehmbar wären; | *identisch* |

| Bisherige Richtlinie 2004/108/EG | Neue Richtlinie 2014/30/EU | Kommentierung |
|---|---|---|
| e) „elektromagnetische Störung" jede elektromagnetische Erscheinung, die die Funktion eines Betriebsmittels beeinträchtigen könnte. Eine elektromagnetische Störung kann ein elektromagnetisches Rauschen, ein unerwünschtes Signal oder eine Veränderung des Ausbreitungsmediums selbst sein; | 5. „elektromagnetische Störung": jede elektromagnetische Erscheinung, die die Funktion eines Betriebsmittels beeinträchtigen könnte; eine elektromagnetische Störung kann ein elektromagnetisches Rauschen, ein unerwünschtes Signal oder eine Veränderung des Ausbreitungsmediums selbst sein; | *identisch* |
| f) „Störfestigkeit" die Fähigkeit eines Betriebsmittels, unter Einfluss einer elektromagnetischen Störung ohne Funktionsbeeinträchtigung zu arbeiten; | 6. „Störfestigkeit": die Fähigkeit eines Betriebsmittels, unter Einfluss einer elektromagnetischen Störung ohne Funktionsbeeinträchtigung zu arbeiten; | *identisch* |
| g) „Sicherheitszwecke" Zwecke im Hinblick auf den Schutz des menschlichen Lebens oder des Eigentums; | 7. „Sicherheitszwecke": Zwecke im Hinblick auf den Schutz des menschlichen Lebens oder von Gütern; | *identisch* |
| h) „elektromagnetische Umgebung" alle elektromagnetischen Erscheinungen, die an einem bestimmten Ort festgestellt werden können. | 8. „elektromagnetische Umgebung": alle elektromagnetischen Erscheinungen, die an einem bestimmten Ort festgestellt werden können; | *identisch* |
|  | 9. „Bereitstellung auf dem Markt": jede entgeltliche oder unentgeltliche Abgabe eines Geräts zum Vertrieb, zum Verbrauch oder zur Verwendung auf dem Unionsmarkt im Rahmen einer Geschäftstätigkeit; | *wichtige neue Definition, die für die Anwendung und Auslegung der Richtlinie 2014/30/EU zwingend gilt* |
|  | 10. „Inverkehrbringen": die erstmalige Bereitstellung eines Geräts auf dem Unionsmarkt; | *wichtige neue Definition, die für die Anwendung und Auslegung der Richtlinie 2014/30/EU zwingend gilt* |
|  | 11. „Hersteller": jede natürliche oder juristische Person, die ein Gerät herstellt bzw. entwickeln oder herstellen lässt und dieses Gerät unter ihrem eigenen Namen oder ihrer eigenen Handelsmarke vermarktet; | *wichtige neue Definition, die für die Anwendung und Auslegung der Richtlinie 2014/30/EU zwingend gilt* |
|  | 12. „Bevollmächtigter": jede in der Union ansässige natürliche oder juristische Person, die von einem Hersteller schriftlich beauftragt wurde, in seinem Namen bestimmte Aufgaben wahrzunehmen; | *wichtige neue Definition, die für die Anwendung und Auslegung der Richtlinie 2014/30/EU zwingend gilt* |
|  | 13. „Einführer": jede in der Union ansässige natürliche oder juristische Person, die ein Gerät aus einem Drittstaat auf dem Unionsmarkt in Verkehr bringt; | *wichtige neue Definition, die für die Anwendung und Auslegung der Richtlinie 2014/30/EU zwingend gilt* |
|  | 14. „Händler": jede natürliche oder juristische Person in der Lieferkette, die ein Gerät auf dem Markt bereitstellt, | *wichtige neue Definition, die für die Anwendung und Auslegung der Richtlinie 2014/30/EU zwingend gilt* |
|  | 15. „Wirtschaftsakteure": der Hersteller, der Bevollmächtigte, der Einführer und der Händler; | *wichtige neue Definition, die für die Anwendung und Auslegung der Richtlinie 2014/30/EU zwingend gilt* |

| Bisherige Richtlinie 2004/108/EG | Neue Richtlinie 2014/30/EU | Kommentierung |
|---|---|---|
| | 16. „technische Spezifikation": ein Dokument, in dem die technischen Anforderungen vorgeschrieben sind, denen ein Betriebsmittel genügen muss; | *wichtige neue Definition, die für die Anwendung und Auslegung der Richtlinie 2014/30/EU zwingend gilt* |
| | 17. „harmonisierte Norm": eine harmonisierte Norm gemäß der Definition in Artikel 2 Absatz 1 Buchstabe c der Verordnung (EU) Nr. 1025/2012; | *wichtige neue Definition, die für die Anwendung und Auslegung der Richtlinie 2014/30/EU zwingend gilt* |
| | 18. „Akkreditierung": die Akkreditierung gemäß der Definition in Artikel 2 Nummer 10 der Verordnung (EG) Nr. 765/2008; | *wichtige neue Definition, die für die Anwendung und Auslegung der Richtlinie 2014/30/EU zwingend gilt* |
| | 19. „nationale Akkreditierungsstelle": eine nationale Akkreditierungsstelle gemäß der Definition in Artikel 2 Nummer 11 der Verordnung (EG) Nr. 765/2008; | *wichtige neue Definition, die für die Anwendung und Auslegung der Richtlinie 2014/30/EU zwingend gilt* |
| | 20. „Konformitätsbewertung": das Verfahren zur Bewertung, ob die wesentlichen Anforderungen dieser Richtlinie an ein Gerät erfüllt worden sind; | *wichtige neue Definition, die für die Anwendung und Auslegung der Richtlinie 2014/30/EU zwingend gilt* |
| | 21. „Konformitätsbewertungsstelle": eine Stelle, die Konformitätsbewertungstätigkeiten einschließlich Kalibrierungen, Prüfungen, Zertifizierungen und Inspektionen durchführt; | *wichtige neue Definition, die für die Anwendung und Auslegung der Richtlinie 2014/30/EU zwingend gilt* |
| | 22. „Rückruf": jede Maßnahme, die auf Erwirkung der Rückgabe eines dem Endnutzer bereits bereitgestellten Geräts abzielt; | *wichtige neue Definition, die für die Anwendung und Auslegung der Richtlinie 2014/30/EU zwingend gilt* |
| | 23. „Rücknahme": jede Maßnahme, mit der verhindert werden soll, dass ein in der Lieferkette befindliches Gerät auf dem Markt bereitgestellt wird; | *wichtige neue Definition, die für die Anwendung und Auslegung der Richtlinie 2014/30/EU zwingend gilt* |
| | 24. „Harmonisierungsrechtsvorschriften der Union": Rechtsvorschriften der Union zur Harmonisierung der Bedingungen für die Vermarktung von Produkten; | *wichtige neue Definition, die für die Anwendung und Auslegung der Richtlinie 2014/30/EU zwingend gilt* |
| | 25. „CE-Kennzeichnung": Kennzeichnung, durch die der Hersteller erklärt, dass das Gerät den anwendbaren Anforderungen genügt, die in den Harmonisierungsrechtsvorschriften der Union über ihre Anbringung festgelegt sind. | *wichtige neue Definition, die für die Anwendung und Auslegung der Richtlinie 2014/30/EU zwingend gilt* |
| (2) Als Geräte im Sinne des Absatzes 1 Buchstabe b) gelten auch | (2) Für Zwecke dieser Richtlinie gelten als Geräte | *trotz verändertem Wortlaut identische Bedeutung* |
| a) „Bauteile" und „Baugruppen", die dazu bestimmt sind, vom Endnutzer in ein Gerät eingebaut zu werden, und die elektromagnetische Störungen verursachen können oder deren Betrieb durch elektromagnetische Störungen beeinträchtigt werden kann; | 1. „Bauteile" oder „Baugruppen", die dazu bestimmt sind, vom Endnutzer in ein Gerät eingebaut zu werden, und die elektromagnetische Störungen verursachen können oder deren Betrieb durch elektromagnetische Störungen beeinträchtigt werden kann; | *identisch* |

| Bisherige Richtlinie 2004/108/EG | Neue Richtlinie 2014/30/EU | Kommentierung |
|---|---|---|
| b) „bewegliche Anlagen", d.h. eine Kombination von Geräten und gegebenenfalls weiteren Einrichtungen, die beweglich und für den Betrieb an verschiedenen Orten bestimmt ist. | 2. „bewegliche Anlagen", d.h. eine Kombination von Geräten und gegebenenfalls weiteren Einrichtungen, die beweglich und für den Betrieb an verschiedenen Orten bestimmt ist. | *identisch* |
| Artikel 3 Inverkehrbringen und/oder Inbetriebnahme | **Artikel 4 Bereitstellung auf dem Markt und/oder Inbetriebnahme** | |
| Die Mitgliedstaaten treffen alle erforderlichen Maßnahmen, damit Betriebsmittel nur in Verkehr gebracht und/oder in Betrieb genommen werden können, wenn sie bei ordnungsgemäßer Installierung und Wartung sowie bei bestimmungsgemäßer Verwendung den Anforderungen dieser Richtlinie entsprechen. | Die Mitgliedstaaten treffen alle erforderlichen Maßnahmen, damit Betriebsmittel nur auf dem Markt bereitgestellt und/oder in Betrieb genommen werden können, wenn sie bei ordnungsgemäßer Installierung und Wartung sowie bei bestimmungsgemäßer Verwendung dieser Richtlinie entsprechen. | *entspricht den geänderten Begriffsbestimmungen nach Artikel 3 Absatz 1 Nummer 9 und 10* |
| Artikel 4 Freier Verkehr von Betriebsmitteln | **Artikel 5 Freier Warenverkehr** | |
| (1) Die Mitgliedstaaten dürfen in ihrem Hoheitsgebiet das Inverkehrbringen und/oder die Inbetriebnahme von Betriebsmitteln, die den Bestimmungen dieser Richtlinie entsprechen, nicht aus Gründen, die mit der elektromagnetischen Verträglichkeit zusammenhängen, behindern. | (1) Die Mitgliedstaaten dürfen in ihrem Hoheitsgebiet die Bereitstellung auf dem Markt und/oder die Inbetriebnahme von Betriebsmitteln, die den Bestimmungen dieser Richtlinie entsprechen, nicht aus Gründen, die mit der elektromagnetischen Verträglichkeit zusammenhängen, behindern. | *identisch* |
| (2) Ungeachtet der Vorschriften dieser Richtlinie können die Mitgliedstaaten folgende Sondermaßnahmen für die Inbetriebnahme oder Verwendung von Betriebsmitteln treffen: | (2) Ungeachtet der Vorschriften dieser Richtlinie können die Mitgliedstaaten folgende Sondermaßnahmen für die Inbetriebnahme oder Verwendung von Betriebsmitteln treffen: | *identisch* |
| a) Maßnahmen, um ein bestehendes oder vorhersehbares Problem im Zusammenhang mit der elektromagnetischen Verträglichkeit an einem bestimmten Ort zu lösen; | a) Maßnahmen, um ein bestehendes oder vorhersehbares Problem im Zusammenhang mit der elektromagnetischen Verträglichkeit an einem bestimmten Ort zu lösen; | *identisch* |
| b) Maßnahmen, die aus Sicherheitsgründen ergriffen werden, um öffentliche Telekommunikationsnetze oder Sende- und Empfangsanlagen zu schützen, wenn diese zu Sicherheitszwecken in klar umrissenen Spektrumssituationen genutzt werden. | b) Maßnahmen, die aus Sicherheitsgründen ergriffen werden, um öffentliche Telekommunikationsnetze oder Sende- und Empfangsanlagen zu schützen, wenn diese zu Sicherheitszwecken in klar umrissenen Spektrumssituationen genutzt werden. | *identisch* |
| Unbeschadet der Richtlinie 98/34/EG notifizieren die Mitgliedstaaten diese Sondermaßnahmen der Kommission und den anderen Mitgliedstaaten.<br><br>Die akzeptierten Sondermaßnahmen werden von der Kommission im Amtsblatt der Europäischen Union veröffentlicht. | Unbeschadet der Richtlinie 98/34/EG des Europäischen Parlaments und des Rates vom 22. Juni 1998 über ein Informationsverfahren auf dem Gebiet der Normen und technischen Vorschriften notifizieren die Mitgliedstaaten diese Sondermaßnahmen der Kommission und den anderen Mitgliedstaaten.<br><br>Die akzeptierten Sondermaßnahmen werden von der Kommission im Amtsblatt der Europäischen Union veröffentlicht. | *identisch* |

| Bisherige Richtlinie 2004/108/EG | Neue Richtlinie 2014/30/EU | Kommentierung |
|---|---|---|
| (3) Die Mitgliedstaaten lassen es zu, dass bei Messen, Ausstellungen und ähnlichen Veranstaltungen Betriebsmittel gezeigt und/oder vorgeführt werden, die den Bestimmungen dieser Richtlinie nicht entsprechen, sofern ein sichtbares Schild deutlich auf diesen Umstand und darauf hinweist, dass sie erst in Verkehr gebracht und/oder in Betrieb genommen werden dürfen, wenn sie mit dieser Richtlinie in Übereinstimmung gebracht worden sind. Vorführungen dürfen nur durchgeführt werden, wenn geeignete Maßnahmen zur Vermeidung elektromagnetischer Störungen getroffen worden sind. | (3) Die Mitgliedstaaten lassen es zu, dass bei Messen, Ausstellungen und ähnlichen Veranstaltungen Betriebsmittel gezeigt und/oder vorgeführt werden, die den Bestimmungen dieser Richtlinie nicht entsprechen, sofern ein sichtbares Schild deutlich darauf hinweist, dass sie erst auf dem Markt bereitgestellt und/oder in Betrieb genommen werden dürfen, wenn sie mit dieser Richtlinie in Übereinstimmung gebracht worden sind. Vorführungen dürfen nur durchgeführt werden, wenn geeignete Maßnahmen zur Vermeidung elektromagnetischer Störungen getroffen worden sind. | identisch unter Berücksichtigung der geänderten Definition der „Bereitstellung auf dem Markt" |
| Artikel 5 Grundlegende Anforderungen | **Artikel 6 Wesentliche Anforderungen** | |
| Die in Artikel 1 genannten Betriebsmittel müssen die in Anhang I aufgeführten grundlegenden Anforderungen erfüllen. | Die Betriebsmittel müssen die in Anhang I aufgeführten wesentlichen Anforderungen erfüllen. | logische Verweisung auf die geänderte Begrifflichkeit des Anhangs I |
| | **Artikel 7 Pflichten der Hersteller** | |
| | (1) Die Hersteller gewährleisten, wenn sie Geräte in Verkehr bringen, dass diese gemäß den wesentlichen Anforderungen nach Anhang I entworfen und hergestellt wurden. | Konkretisierung des Artikels 6 Absatz 1 enthält jetzt eine konkrete Verpflichtung an den Hersteller nur Geräte in den Verkehr zu bringen, die den wesentlichen Anforderungen des Anhangs I bezüglich Entwurf und Herstellung genügen. Bisher wurde der Hersteller nur indirekt adressiert, da die Richtlinie (EG) Nr. 2004/108 vom Wortlaut her direkt nur an die Mitgliedstaaten gerichtet war. |
| Artikel 7 Konformitätsbewertungsverfahren für Geräte | | |
| Die Übereinstimmung von Geräten mit den in Anhang I genannten grundlegenden Anforderungen wird nach dem in Anhang II beschriebenen Verfahren (interne Fertigungskontrolle) nachgewiesen. Nach dem Ermessen des Herstellers oder seines in der Gemeinschaft ansässigen Bevollmächtigten kann auch das in Anhang III beschriebene Verfahren angewandt werden. | (2) Die Hersteller erstellen die technischen Unterlagen nach Anhang II oder Anhang III und führen das betreffende Konformitätsbewertungsverfahren nach Artikel 14 durch oder lassen es durchführen. Wurde mit diesem Verfahren nachgewiesen, dass das Gerät den anwendbaren Anforderungen entspricht, stellen die Hersteller eine EU-Konformitätserklärung aus und bringen die CE-Kennzeichnung an. | Der neue Absatz 2 verweist jetzt auf die wesentlich umfangreicheren konkreteren Vorgaben bezüglich der internen Fertigungskontrolle nach Anhang II oder der EU-Baumusterprüfung nach Anhang III. Die Vorgaben bezüglich der technischen Unterlagen richteten sich bislang nur nach den Anhängen der Richtlinie (EG) Nr. 2004/108. |
| | (3) Die Hersteller bewahren die technischen Unterlagen und die EU-Konformitätserklärung nach dem Inverkehrbringen des Geräts zehn Jahre lang auf. | Eine Frist war in der Richtlinie bisher nicht ausdrücklich vorgeschrieben. |

| Bisherige Richtlinie 2004/108/EG | Neue Richtlinie 2014/30/EU | Kommentierung |
|---|---|---|
|  | (4) Die Hersteller gewährleisten durch geeignete Verfahren, dass stets Konformität mit dieser Richtlinie bei Serienfertigung sichergestellt ist. Änderungen am Entwurf des Geräts oder an seinen Merkmalen sowie Änderungen der harmonisierten Normen oder anderer technischer Spezifikationen, auf die bei Erklärung der Konformität eines Geräts verwiesen wird, werden angemessen berücksichtigt. | *Auch diese Vorgaben bezüglich der Serienfertigung sind neu. Sie konkretisieren die Pflichten des Herstellers und legen ihm diesbezüglich auch die Beweislast auf.* |
| Artikel 9 Sonstige Kennzeichen und Informationen |  |  |
| (1) Jedes Gerät ist durch die Typbezeichnung, die Baureihe, die Seriennummer oder durch andere geeignete Angaben zu identifizieren. | (5) Die Hersteller gewährleisten, dass Geräte, die sie in Verkehr gebracht haben, eine Typen-, Chargen- oder Seriennummer oder ein anderes Kennzeichen zu ihrer Identifikation tragen, oder, falls dies aufgrund der Größe oder Art des Geräts nicht möglich ist, dass die erforderlichen Informationen auf der Verpackung oder in den dem Gerät beigefügten Unterlagen angegeben werden. | *Konkrete Vorgaben bezüglich der Art und Weise, wie eine Identifikationskennzeichnung zu erfolgen hat.* |
| (2) Zu jedem Gerät sind der Name und die Anschrift des Herstellers anzugeben; ist der Hersteller nicht in der Gemeinschaft ansässig, so sind der Name und die Anschrift seines Bevollmächtigten oder der Person in der Gemeinschaft anzugeben, die für das Inverkehrbringen des Gerätes in der Gemeinschaft verantwortlich ist. | (6) Die Hersteller geben ihren Namen, ihren eingetragenen Handelsnamen oder ihre eingetragene Handelsmarke und ihre Postanschrift, unter der sie erreicht werden können, entweder auf dem Gerät selbst oder, wenn dies nicht möglich ist, auf der Verpackung oder in den dem Gerät beigefügten Unterlagen an. Die Anschrift bezieht sich auf eine zentrale Anlaufstelle, unter der der Hersteller erreicht werden kann. Die Kontaktdaten sind in einer Sprache anzugeben, die von den Endnutzern und den Marktüberwachungsbehörden leicht verstanden werden kann. | *Konkretisierung und Klarstellung, wie und wo der Hersteller erreicht werden kann.* |
|  | **Artikel 8 Bevollmächtigter** |  |
|  | (1) Ein Hersteller kann schriftlich einen Bevollmächtigten benennen.<br><br>Die Pflichten gemäß Artikel 7 Absatz 1 und die in Artikel 7 Absatz 2 genannten Pflicht zur Erstellung der technischen Unterlagen sind nicht Teil des Auftrags eines Bevollmächtigten. | *Der Bevollmächtigte wurde bisher nur in den Anhängen der Richtlinie erwähnt. Artikel 8 definiert jetzt seine Aufgaben und Pflichten.* |
|  | (2) Ein Bevollmächtigter nimmt die im vom Hersteller erhaltenen Auftrag festgelegten Aufgaben wahr. Der Auftrag muss dem Bevollmächtigten gestatten, mindestens folgende Aufgaben wahrzunehmen: |  |

| Bisherige Richtlinie 2004/108/EG | Neue Richtlinie 2014/30/EU | Kommentierung |
|---|---|---|
| | a) Bereithaltung der EU-Konformitätserklärung und der technischen Unterlagen für die nationalen Marktüberwachungsbehörden über einen Zeitraum von zehn Jahren nach Inverkehrbringen des Geräts;<br><br>b) auf begründetes Verlangen einer zuständigen nationalen Behörde Aushändigung aller erforderlichen Informationen und Unterlagen zum Nachweis der Konformität eines Geräts an diese Behörde;<br><br>c) auf Verlangen der zuständigen nationalen Behörden Kooperation bei allen Maßnahmen zur Abwendung der Risiken, die mit Geräten verbunden sind, die zum Aufgabenbereich des Bevollmächtigten gehören. | |
| | **Artikel 9 Pflichten der Einführer** | |
| | (1) Die Einführer bringen nur konforme Geräte in Verkehr.<br><br>(2) Bevor sie ein Gerät in Verkehr bringen, gewährleisten die Einführer, dass das betreffende Konformitätsbewertungsverfahren nach Artikel 14 vom Hersteller durchgeführt wurde. Sie gewährleisten, dass der Hersteller die technischen Unterlagen erstellt hat, dass das Gerät mit der CE-Kennzeichnung versehen ist, dass ihm die erforderlichen Unterlagen beigefügt sind und dass der Hersteller die Anforderungen von Artikel 7 Absätze 5 und 6 erfüllt hat.<br><br>Ist ein Einführer der Auffassung oder hat er Grund zu der Annahme, dass ein Gerät nicht mit den wesentlichen Anforderungen nach Anhang I übereinstimmt, darf er dieses Gerät nicht in Verkehr bringen, bevor die Konformität des Geräts hergestellt ist. Wenn mit dem Gerät ein Risiko verbunden ist, unterrichtet der Einführer den Hersteller und die Marktüberwachungsbehörden hiervon.<br><br>(3) Die Einführer geben ihren Namen, ihren eingetragenen Handelsnamen oder ihre eingetragene Handelsmarke und ihre Postanschrift, unter der sie erreicht werden können, entweder auf dem Gerät selbst oder, wenn dies nicht möglich ist, auf der Verpackung oder in den dem Gerät beigefügten Unterlagen an. Die Kontaktdaten sind in einer Sprache anzugeben, die von den Endnutzern und den Marktüberwachungsbehörden leicht verstanden werden kann. | *Auch der Einführer (Importeur) von Geräten in das Gemeinschaftsgebiet wird von der neuen Richtlinie – vergleichbar dem Hersteller – in die Pflicht genommen. Bisher wurde er überhaupt nicht erwähnt, jetzt werden seine Aufgaben und Verpflichtungen konkret benannt. Ein besonderes Risiko beinhaltet Absatz 6. Danach müssen Einführer, die der Auffassung sind oder Grund zu der Annahme haben, dass ein von ihnen in Verkehr gebrachtes Gerät nicht dieser Richtlinie entspricht, unverzüglich erforderlichen Korrekturmaßnahmen ergreifen, um die Konformität dieses Geräts herzustellen oder es gegebenenfalls zurückzunehmen oder zurückzurufen. Außerdem müssen sie, wenn mit dem Gerät Risiken verbunden sind, unverzüglich die zuständigen nationalen Behörden der Mitgliedstaaten informieren.* |

| Bisherige Richtlinie 2004/108/EG | Neue Richtlinie 2014/30/EU | Kommentierung |
|---|---|---|
| | (4) Die Einführer gewährleisten, dass dem Gerät die Betriebsanleitung und die in Artikel 18 genannten Informationen beigefügt sind, die in einer vom betreffenden Mitgliedstaat festgelegten Sprache, die von den Endnutzern leicht verstanden werden kann, verfasst sind. | |
| | (5) Solange sich ein Gerät in ihrer Verantwortung befindet, gewährleisten die Einführer, dass die Bedingungen seiner Lagerung oder seines Transports die Übereinstimmung des Geräts mit den wesentlichen Anforderungen nach Anhang I nicht beeinträchtigen. | |
| | (6) Einführer, die der Auffassung sind oder Grund zu der Annahme haben, dass ein von ihnen in Verkehr gebrachtes Gerät nicht dieser Richtlinie entspricht, ergreifen unverzüglich die erforderlichen Korrekturmaßnahmen, um die Konformität dieses Geräts herzustellen oder es gegebenenfalls zurückzunehmen oder zurückzurufen. Außerdem unterrichten die Einführer, wenn mit dem Gerät Risiken verbunden sind, unverzüglich die zuständigen nationalen Behörden der Mitgliedstaaten, in denen sie das Gerät auf dem Markt bereitgestellt haben, darüber und machen dabei ausführliche Angaben, insbesondere über die Nichtkonformität und die ergriffenen Korrekturmaßnahmen. | |
| | (7) Die Einführer halten nach dem Inverkehrbringen des Geräts zehn Jahre lang eine Abschrift der EU-Konformitätserklärung für die Marktüberwachungsbehörden bereit und sorgen dafür, dass sie diesen die technischen Unterlagen auf Verlangen vorlegen können. | |
| | (8) Die Einführer stellen der zuständigen nationalen Behörde auf deren begründetes Verlangen alle Informationen und Unterlagen, die für den Nachweis der Konformität des Geräts erforderlich sind, in Papierform oder auf elektronischem Wege in einer Sprache zur Verfügung, die von dieser zuständigen nationalen Behörde leicht verstanden werden kann. Sie kooperieren mit dieser Behörde auf deren Verlangen bei allen Maßnahmen zur Abwendung von Risiken, die mit Geräten verbunden sind, die sie in Verkehr gebracht haben. | |

| Bisherige Richtlinie 2004/108/EG | Neue Richtlinie 2014/30/EU | Kommentierung |
|---|---|---|
| | **Artikel 10 Pflichten der Händler** | |
| | (1) Die Händler berücksichtigen die Anforderungen dieser Richtlinie mit der gebührenden Sorgfalt, wenn sie ein Gerät auf dem Markt bereitstellen.<br><br>(2) Bevor sie ein Gerät auf dem Markt bereitstellen, überprüfen die Händler, ob das Gerät mit der CE-Kennzeichnung versehen ist, ob ihm die erforderlichen Unterlagen sowie die Betriebsanleitung und die in Artikel 18 genannten Informationen in einer Sprache beigefügt sind, die von den Verbrauchern und sonstigen Endnutzern in dem Mitgliedstaat, in dem das Gerät auf dem Markt bereitgestellt werden soll, leicht verstanden werden kann, und ob der Hersteller und der Einführer die Anforderungen von Artikel 7 Absätze 5 und 6 bzw. Artikel 9 Absatz 3 erfüllt haben.<br><br>Ist ein Händler der Auffassung oder hat er Grund zu der Annahme, dass ein Gerät nicht mit den wesentlichen Anforderungen nach Anhang I übereinstimmt, stellt er dieses Gerät nicht auf dem Markt bereit, bevor seine Konformität hergestellt ist. Wenn mit dem Gerät ein Risiko verbunden ist, unterrichtet der Händler außerdem den Hersteller oder den Einführer sowie die Marktüberwachungsbehörden darüber.<br><br>(3) Solange sich ein Gerät in ihrer Verantwortung befindet, gewährleisten die Händler, dass die Bedingungen seiner Lagerung oder seines Transports die Übereinstimmung des Geräts mit den wesentlichen Anforderungen nach Anhang I nicht beeinträchtigen.<br><br>(4) Händler, die der Auffassung sind oder Grund zu der Annahme haben, dass ein von ihnen auf dem Markt bereitgestelltes Gerät nicht dieser Richtlinie entspricht, sorgen dafür, dass die erforderlichen Korrekturmaßnahmen ergriffen werden, um die Konformität dieses Geräts herzustellen oder es gegebenenfalls zurückzunehmen oder zurückzurufen. Außerdem unterrichten die Händler, wenn mit dem Gerät Risiken verbunden sind, unverzüglich die zuständigen nationalen Behörden der Mitgliedstaaten, in denen sie das Gerät auf dem Markt bereitgestellt haben, darüber und machen dabei ausführliche Angaben, insbesondere über die Nichtkonformität und die ergriffenen Korrekturmaßnahmen. | *Ähnliche Anforderungen wie an Hersteller und Importeure werden jetzt auch vom Händler verlangt. Artikel 10 benennt konkret die Pflichten und Aufgaben, die Vorschrift überträgt die entsprechenden rechtlichen Risiken auf diese Wirtschaftsakteure. Besonders Augenmerk sollten sie auf Absatz 4 richten – Händler, die der Auffassung sind oder Grund zu der Annahme haben, dass ein von ihnen auf dem Markt bereitgestelltes Gerät nicht der Richtlinie (EU) Nr. 2014/30 entspricht, müssen dafür sorgen, dass die erforderlichen Korrekturmaßnahmen ergriffen werden, um die Konformität dieses Geräts herzustellen oder es gegebenenfalls zurückzunehmen oder zurückzurufen. Außerdem müssen sie, wenn mit dem Gerät Risiken verbunden sind, unverzüglich die zuständigen nationalen Behörden der Mitgliedstaaten, in denen sie das Gerät auf dem Markt bereitgestellt haben, darüber informieren.* |

| Bisherige Richtlinie 2004/108/EG | Neue Richtlinie 2014/30/EU | Kommentierung |
|---|---|---|
|  | (5) Die Händler stellen der zuständigen nationalen Behörde auf deren begründetes Verlangen alle Informationen und Unterlagen, die für den Nachweis der Konformität eines Geräts erforderlich sind, in Papierform oder auf elektronischem Wege zur Verfügung. Sie kooperieren mit dieser Behörde auf deren Verlangen bei allen Maßnahmen zur Abwendung von Risiken, die mit Geräten verbunden sind, die sie auf dem Markt bereitgestellt haben. |  |
|  | **Artikel 11 Umstände, unter denen die Pflichten des Herstellers auch für Einführer und Händler gelten** |  |
|  | Ein Einführer oder Händler gilt als Hersteller für die Zwecke dieser Richtlinie und unterliegt den Pflichten eines Herstellers nach Artikel 7, wenn er ein Gerät unter seinem eigenen Namen oder seiner eigenen Handelsmarke in Verkehr bringt oder ein bereits auf dem Markt befindliches Gerät so verändert, dass die Konformität mit dieser Richtlinie beeinträchtigt werden kann. | *Die besonderen Herstellerverpflichtungen des Artikels 7 werden auch den Händlern und Importeuren auferlegt – und zwar dann, wenn sie ein Gerät unter eigenem Namen bzw. unter ihrer Handelsmarke in den Verkehr bringen. Die Pflichten treffen die genannten Wirtschaftsakteure auch dann, wenn durch Veränderungen am Gerät die EMV-Konformität nicht mehr vollständig gegeben ist. Hier erfolgt eine Gleichstellung mit dem Quasi-Hersteller des Produkthaftungsrechts.* |
|  | **Artikel 12 Identifizierung der Wirtschaftsakteure** |  |
|  | Die Wirtschaftsakteure nennen den Marktüberwachungsbehörden auf Verlangen die Wirtschaftsakteure,<br><br>a) von denen sie ein Gerät bezogen haben;<br><br>b) an die sie ein Gerät abgegeben haben.<br><br>Die Wirtschaftsakteure müssen die Informationen nach Absatz 1 zehn Jahre nach dem Bezug des Geräts sowie zehn Jahre nach der Abgabe des Geräts vorlegen können. | *Artikel 12 normiert die Auskunftspflichten für Hersteller, Händler und Importeure. Ihnen wird auch eine Frist zur Informationsabgabe auferlegt, die durchaus mehr als zehn Jahre nach dem Bezug der Geräte betragen kann. Durch bloße Lagerungszeit erfolgt nämlich kein Fristlauf.* |
| Artikel 6 Harmonisierte Normen | **Artikel 13 Konformitätsvermutung bei Betriebsmitteln** |  |
| (1) Unter „harmonisierter Norm" ist eine europaweit gültige technische Spezifikation zu verstehen, die von einem anerkannten europäischen Normungsgremium aufgrund eines von der Kommission erteilten Auftrags und entsprechend den in der Richtlinie 98/34/EG festgelegten Verfahren ausgearbeitet wurde. Die Beachtung einer „harmonisierten Norm" ist nicht zwingend vorgeschrieben. |  | *Satz 1 der Richtlinie (EG) Nr. 2004/108 wird durch die Begriffsbestimmung in Artikel 3 Absatz 1 Nummer 17 der Richtlinie (EU) Nr. 2014/30 ersetzt.* |

| Bisherige Richtlinie 2004/108/EG | Neue Richtlinie 2014/30/EU | Kommentierung |
|---|---|---|
| (2) Stimmt ein Betriebsmittel mit den einschlägigen harmonisierten Normen überein, deren Fundstellen im Amtsblatt der Europäischen Union veröffentlicht sind, so gehen die Mitgliedstaaten davon aus, dass das Betriebsmittel die von diesen Normen abgedeckten grundlegenden Anforderungen des Anhangs I dieser Richtlinie erfüllt. Diese Vermutung der Konformität beschränkt sich auf den Geltungsbereich der angewandten harmonisierten Normen und gilt nur innerhalb des Rahmens der von diesen harmonisierten Normen abgedeckten grundlegenden Anforderungen. | Bei Betriebsmitteln, die mit harmonisierten Normen oder Teilen davon übereinstimmen, deren Fundstellen im Amtsblatt der Europäischen Union veröffentlicht worden sind, wird die Konformität mit den wesentlichen Anforderungen nach Anhang I vermutet, die von den betreffenden Normen oder Teilen davon abgedeckt sind. | *Die Konformitätsvermutung gilt jetzt auch für Teile der harmonisierten Normen (!). Laut Erwägungsgrund 27 der neuen Richtlinie soll sich diese auf die Nennung der wesentlicher Anforderungen beschränken. Um die Bewertung der Konformität mit diesen Anforderungen zu erleichtern, ist vorzusehen, dass eine Vermutung der Konformität für jene Betriebsmittel gilt, die die harmonisierten Normen erfüllen, welche nach Maßgabe der Verordnung (EU) Nr. 1025/2012 vom 25. Oktober 2012 zur europäischen Normung zu dem Zweck angenommen wurden, ausführliche technische Spezifikationen für diese Anforderungen zu formulieren. Harmonisierte Normen spiegeln den allgemein anerkannten Stand der Technik in Bezug auf die elektromagnetische Verträglichkeit in der Union wider.* |
| Artikel 7 Konformitätsbewertungsverfahren für Geräte | **Artikel 14 Konformitätsbewertungsverfahren für Geräte** | |
| Die Übereinstimmung von Geräten mit den in Anhang I genannten grundlegenden Anforderungen wird nach dem in Anhang II beschriebenen Verfahren (interne Fertigungskontrolle) nachgewiesen. Nach dem Ermessen des Herstellers oder seines in der Gemeinschaft ansässigen Bevollmächtigten kann auch das in Anhang III beschriebene Verfahren angewandt werden. | Die Übereinstimmung von Geräten mit den in Anhang I aufgeführten wesentlichen Anforderungen wird anhand eines der folgenden Konformitätsbewertungsverfahren nachgewiesen: | |
| | a) interne Fertigungskontrolle nach Anhang II; | *Die interne Fertigungskontrolle im Sinne des Anhangs II ist jetzt wesentlich verbindlicher geregelt worden. Der Anhang II Modul A enthält konkretere Vorgaben zu den Punkten*<br><br>*- Bewertung der elektromagnetischen Verträglichkeit,*<br>*- technische Unterlagen,*<br>*- Herstellung,*<br>*- CE-Kennzeichnung und EU-Konformitätserklärung,*<br>*- Bevollmächtgter.* |
| | b) EU-Baumusterprüfung, gefolgt von der Konformität mit der Bauart auf der Grundlage einer internen Fertigungskontrolle nach Anhang III. | *Der Verweis zielt auf die Vorgaben der EU-Baumusterprüfung Teil A Modul B ab. Auch hier gibt es wesentlich umfangreichere und präzisere Vorgaben als im bisherigen Konformitätsbewertungsverfahren des Anhangs III der Richtlinie (EG) Nr. 2004/108. Das Modul C der neuen Richtlinie enthält die Vorgaben bezüglich Konformität mit der Bauart auf der Grundlage einer internen Fertigungskontrolle.* |

Synoptische Kommentierung der neuen EMV-Richtlinie 2014/30/EU | **Kapitel 3**

| Bisherige Richtlinie 2004/108/EG | Neue Richtlinie 2014/30/EU | Kommentierung |
|---|---|---|
|  | Der Hersteller kann entscheiden, die Anwendung des Verfahrens nach Absatz 1 Buchstabe b auf einige Aspekte der wesentlichen Anforderungen zu beschränken, sofern für die anderen Aspekte der wesentlichen Anforderungen das Verfahren nach Absatz 1 Buchstabe a durchgeführt wird. | *Erleichterung für den Hersteller bei Beachtung der genannten Besonderheiten* |
| Anhang IV Nummer 2 | **Artikel 15 EU-Konformitätserklärung** |  |
| Die EG-Konformitätserklärung muss mindestens folgende Angaben enthalten:<br><br>- einen Verweis auf diese Richtlinie;<br><br>- die Identifizierung des Gerätes, für das sie abgegeben wird, nach Artikel 9 Absatz 1;<br><br>- Namen und Anschrift des Herstellers und gegebenenfalls seines Bevollmächtigten in der Gemeinschaft;<br><br>- die Fundstellen der Spezifikationen, mit denen das Gerät übereinstimmt und aufgrund deren die Konformität mit den Bestimmungen dieser Richtlinie erklärt wird;<br><br>- Datum der Erklärung;<br><br>- Namen und Unterschrift der für den Hersteller oder seinen Bevollmächtigten zeichnungsberechtigten Person. | (1) Die EU-Konformitätserklärung besagt, dass die Erfüllung der in Anhang I aufgeführten wesentlichen Anforderungen nachgewiesen wurde.<br><br>(2) Die EU-Konformitätserklärung entspricht in ihrem Aufbau dem Muster in Anhang IV, enthält die in den einschlägigen Modulen der Anhänge II und III angegebenen Elemente und wird auf dem neuesten Stand gehalten. Sie wird in die Sprache bzw. Sprachen übersetzt, die von dem Mitgliedstaat vorgeschrieben wird/werden, in dem das Gerät in Verkehr gebracht bzw. auf dem Markt bereitgestellt wird.<br><br>(3) Unterliegt ein Gerät mehreren Rechtsakten der Union, in denen jeweils eine EU-Konformitätserklärung vorgeschrieben ist, wird nur eine einzige EU-Konformitätserklärung für sämtliche Rechtsakte der Union ausgestellt. In dieser Erklärung sind die betroffenen Rechtsakte der Union samt ihrer Fundstelle im Amtsblatt anzugeben.<br><br>(4) Mit der Ausstellung der EU-Konformitätserklärung übernimmt der Hersteller die Verantwortung dafür, dass das Gerät die Anforderungen dieser Richtlinie erfüllt. | *Im Gegensatz zur Richtlinie (EG) Nr. 2004/108 werden hier die Vorgaben bezüglich der EU-Konformitätserklärung präzisiert. Die Erklärung selbst muss laut Anhang IV Folgendes enthalten:*<br><br>*1. Gerätetyp/Produkt (Produkt-, Typen-, Chargen- oder Seriennummer):*<br><br>*2. Name und Anschrift des Herstellers oder seines Bevollmächtigten:*<br><br>*3. Die alleinige Verantwortung für die Ausstellung dieser Konformitätserklärung trägt der Hersteller.*<br><br>*4. Gegenstand der Erklärung (Bezeichnung des Geräts zwecks Rückverfolgbarkeit; dazu kann eine hinreichend deutliche Farbabbildung gehören, wenn dies zur Identifikation des Geräts notwendig ist):*<br><br>*5. Der oben beschriebene Gegenstand der Erklärung erfüllt die einschlägigen Harmonisierungsrechtsvorschriften der Union:*<br><br>*6. Angabe der einschlägigen harmonisierten Normen, die zugrunde gelegt wurden, einschließlich des Datums der Norm, oder Angabe anderer technischer Spezifikationen, für die die Konformität erklärt wird, einschließlich des Datums der Spezifikation:*<br><br>*7. Gegebenenfalls: Die notifizierte Stelle … (Name, Kennnummer) … hat … (Beschreibung ihrer Maßnahme) … und folgende Bescheinigung ausgestellt: …*<br><br>*8. Zusatzangaben:*<br><br>*Unterzeichnet für und im Namen von:*<br><br>*(Ort und Datum der Ausstellung):*<br><br>*(Name, Funktion) (Unterschrift):* |

| Bisherige Richtlinie 2004/108/EG | Neue Richtlinie 2014/30/EU | Kommentierung |
|---|---|---|
| Artikel 8 CE-Kennzeichnung | **Artikel 16 Allgemeine Grundsätze der CE-Kennzeichnung** | |
| (1) Geräte, deren Übereinstimmung mit dieser Richtlinie nach dem Verfahren des Artikels 7 nachgewiesen wurde, sind mit der CE-Kennzeichnung zu versehen, die diese Übereinstimmung bescheinigt. Sie ist vom Hersteller oder seinem Bevollmächtigten in der Gemeinschaft anzubringen. Die CE-Kennzeichnung ist gemäß Anhang V anzubringen.<br><br>(2) Die Mitgliedstaaten ergreifen die erforderlichen Maßnahmen, um sicherzustellen, dass auf dem Gerät, seiner Verpackung oder seiner Gebrauchsanleitung keine Kennzeichnungen angebracht werden, deren Bedeutung oder Gestalt mit der Bedeutung oder Gestalt der CE-Kennzeichnung verwechselt werden kann.<br><br>(3) Jede andere Kennzeichnung darf auf dem Gerät, seiner Verpackung oder seiner Gebrauchsanleitung angebracht werden, wenn sie die Sichtbarkeit und Lesbarkeit der CE-Kennzeichnung nicht beeinträchtigt.<br><br>(4) Stellt eine zuständige Behörde fest, dass die CE-Kennzeichnung unberechtigterweise angebracht wurde, so ist der Hersteller oder sein Bevollmächtigter in der Gemeinschaft unbeschadet des Artikels 10 verpflichtet, das Gerät nach den Vorgaben des betreffenden Mitgliedstaates in Übereinstimmung mit den Bestimmungen für die CE-Kennzeichnung zu bringen. | Für die CE-Kennzeichnung gelten die allgemeinen Grundsätze gemäß Artikel 30 der Verordnung (EG) Nr. 765/2008. | *Die Verordnung (EG) Nr. 765/2008 ist nach der Richtlinie (EG) Nr. 2004/108 in Kraft getreten. Artikel 30 enthält folgende Anforderungen:*<br><br>*1. Die CE-Kennzeichnung darf nur durch den Hersteller oder seinen Bevollmächtigten angebracht werden.*<br><br>*2. Die CE-Kennzeichnung gemäß Anhang II wird nur auf Produkten angebracht, für die spezifische Harmonisierungsrechtsvorschriften der Gemeinschaft deren Anbringung vorschreiben, und wird auf keinem anderen Produkt angebracht.*<br><br>*3. Indem er die CE-Kennzeichnung anbringt oder anbringen lässt, gibt der Hersteller an, dass er die Verantwortung für die Konformität des Produkts mit allen in den einschlägigen Harmonisierungsrechtsvorschriften der Gemeinschaft enthaltenen für deren Anbringung geltenden Anforderungen übernimmt.*<br><br>*4. Die CE-Kennzeichnung ist die einzige Kennzeichnung, die die Konformität des Produkts mit den geltenden Anforderungen der einschlägigen Harmonisierungsrechtsvorschriften der Gemeinschaft, die ihre Anbringung vorschreiben, bescheinigt.*<br><br>*5. Das Anbringen von Kennzeichnungen, Zeichen oder Aufschriften, deren Bedeutung oder Gestalt von Dritten mit der Bedeutung oder Gestalt der CE-Kennzeichnung verwechselt werden kann, ist untersagt. Jede andere Kennzeichnung darf auf Produkten angebracht werden, sofern sie Sichtbarkeit, Lesbarkeit und Bedeutung der CE-Kennzeichnung nicht beeinträchtigt.*<br><br>*6. Unbeschadet des Artikels 41 der Verordnung (EG) Nr. 765/2008 stellen die Mitgliedstaaten die ordnungsgemäße Durchführung des Systems der CE-Kennzeichnung sicher und leiten bei einer missbräuchlichen Verwendung die angemessenen Schritte ein. Die Mitgliedstaaten sehen auch Sanktionen für Verstöße vor, die bei schweren Verstößen strafrechtlicher Natur sein können. Diese Sanktionen müssen in angemessenem Verhältnis zum Schweregrad des Verstoßes stehen und eine wirksame Abschreckung gegen missbräuchliche Verwendung darstellen.* |

| Bisherige Richtlinie 2004/108/EG | Neue Richtlinie 2014/30/EU | Kommentierung |
|---|---|---|
| Artikel 8 CE-Kennzeichnung | **Artikel 17 Vorschriften und Bedingungen für die Anbringung der CE-Kennzeichnung** | |
| (1) Geräte, deren Übereinstimmung mit dieser Richtlinie nach dem Verfahren des Artikels 7 nachgewiesen wurde, sind mit der CE-Kennzeichnung zu versehen, die diese Übereinstimmung bescheinigt. Sie ist vom Hersteller oder seinem Bevollmächtigten in der Gemeinschaft anzubringen. Die CE-Kennzeichnung ist gemäß Anhang V anzubringen.

(2) Die Mitgliedstaaten ergreifen die erforderlichen Maßnahmen, um sicherzustellen, dass auf dem Gerät, seiner Verpackung oder seiner Gebrauchsanleitung keine Kennzeichnungen angebracht werden, deren Bedeutung oder Gestalt mit der Bedeutung oder Gestalt der CE-Kennzeichnung verwechselt werden kann.

(3) Jede andere Kennzeichnung darf auf dem Gerät, seiner Verpackung oder seiner Gebrauchsanleitung angebracht werden, wenn sie die Sichtbarkeit und Lesbarkeit der CE-Kennzeichnung nicht beeinträchtigt.

(4) Stellt eine zuständige Behörde fest, dass die CE-Kennzeichnung unberechtigterweise angebracht wurde, so ist der Hersteller oder sein Bevollmächtigter in der Gemeinschaft unbeschadet des Artikels 10 verpflichtet, das Gerät nach den Vorgaben des betreffenden Mitgliedstaates in Übereinstimmung mit den Bestimmungen für die CE-Kennzeichnung zu bringen. | (1) Die CE-Kennzeichnung wird gut sichtbar, leserlich und dauerhaft auf dem Gerät oder seiner Datenplakette angebracht. Falls die Art des Geräts dies nicht zulässt oder nicht rechtfertigt, wird sie auf der Verpackung und den Begleitunterlagen angebracht.

(2) Die CE-Kennzeichnung ist vor dem Inverkehrbringen des Geräts anzubringen.

(3) Die Mitgliedstaaten bauen auf bestehenden Mechanismen auf, um eine ordnungsgemäße Durchführung des Systems der CE-Kennzeichnung sicherzustellen, und leiten im Falle einer missbräuchlichen Verwendung dieser Kennzeichnung angemessene Schritte ein. | *Präzisierung und Konkretisierung der Vorgaben, die für die CE-Kennzeichnung verpflichtend sind.* |
| Artikel 9 Sonstige Kennzeichnung und Information | **Artikel 18 Information zur Nutzung des Geräts** | |
| (3) Der Hersteller muss Angaben über besondere Vorkehrungen machen, die bei Montage, Installierung, Wartung oder Betrieb des Gerätes zu treffen sind, damit es nach Inbetriebnahme die Schutzanforderungen des Anhangs I Nummer 1 erfüllt. | (1) Dem Gerät müssen Angaben über besondere Vorkehrungen beigefügt sein, die bei Montage, Installierung, Wartung oder Betrieb des Geräts zu treffen sind, damit es nach Inbetriebnahme die wesentlichen Anforderungen nach Anhang I Nummer 1 erfüllt. | *identisch* |
| (4) Bei Geräten, deren Übereinstimmung mit den Schutzanforderungen in Wohngebieten nicht gewährleistet ist, ist auf diese Nutzungsbeschränkung – gegebenenfalls auch auf der Verpackung – eindeutig hinzuweisen. | (2) Bei Geräten, deren Übereinstimmung mit den wesentlichen Anforderungen nach Anhang I Nummer 1 in Wohngebieten nicht gewährleistet ist, ist auf eine solche Nutzungsbeschränkung – gegebenenfalls auch auf der Verpackung – eindeutig hinzuweisen. | *identisch* |

# Synoptische Kommentierung der neuen EMV-Richtlinie 2014/30/EU | Kapitel 3

| Bisherige Richtlinie 2004/108/EG | Neue Richtlinie 2014/30/EU | Kommentierung |
|---|---|---|
| (5) Die Informationen, die zur Nutzung des Gerätes entsprechend dessen Verwendungszweck erforderlich sind, müssen in der dem Gerät beigefügten Gebrauchsanweisung enthalten sein. | (3) Die Informationen, die zur Nutzung des Geräts entsprechend dessen Verwendungszweck erforderlich sind, müssen in der dem Gerät beigefügten Betriebsanleitung enthalten sein. | *identisch, es wurde lediglich der Begriff Gebrauchsanweisung gegen Betriebsanleitung ausgetauscht* |
| Artikel 13 Ortsfeste Anlagen | **Artikel 19 Ortsfeste Anlagen** | |
| (1) Geräte, die in Verkehr gebracht worden sind und in ortsfeste Anlagen eingebaut werden können, unterliegen allen für Geräte geltenden Vorschriften dieser Richtlinie. | (1) Geräte, die auf dem Markt bereitgestellt worden sind und in ortsfeste Anlagen eingebaut werden können, unterliegen allen für Geräte geltenden Vorschriften dieser Richtlinie. | *identisch, lediglich Bereitstellung auf dem Markt wurde für Inverkehrbringen verwendet* |
| Die Bestimmungen der Artikel 5, 7, 8 und 9 gelten jedoch nicht zwingend für Geräte, die für den Einbau in eine bestimmte ortsfeste Anlage bestimmt und im Handel nicht erhältlich sind.<br><br>In solchen Fällen sind in den beigefügten Unterlagen die ortsfeste Anlage und deren Merkmale der elektromagnetischen Verträglichkeit anzugeben, und es ist anzugeben, welche Vorkehrungen beim Einbau des Gerätes in diese Anlage zu treffen sind, damit deren Konformität nicht beeinträchtigt wird.<br><br>Ferner sind die in Artikel 9 Absätze 1 und 2 genannten Angaben zu machen. | Die Anforderungen der Artikel 6 bis 12 sowie der Artikel 14 bis 18 gelten jedoch nicht zwingend für Geräte, die für den Einbau in eine bestimmte ortsfeste Anlage bestimmt sind und anderweitig nicht auf dem Markt bereitgestellt werden.<br><br>In solchen Fällen sind in den beigefügten Unterlagen die ortsfeste Anlage und deren Merkmale der elektromagnetischen Verträglichkeit anzugeben, und es ist anzugeben, welche Vorkehrungen beim Einbau des Geräts in diese Anlage zu treffen sind, damit deren Konformität nicht beeinträchtigt wird. Zusätzlich sind die in Artikel 7 Absätze 5 und 6 sowie Artikel 9 Absatz 3 genannten Angaben zu machen. Die in Ziffer 2 des Anhangs I genannten anerkannten Regeln der Technik sind zu dokumentieren, und der Verantwortliche/die Verantwortlichen hält/halten die Unterlagen für die zuständigen nationalen Behörden für Überprüfungszwecke zur Einsicht bereit, solange die ortsfeste Anlage in Betrieb ist. | *Neuregelung behält die bisherigen Ausnahmen für Geräte, die für den Einbau in eine bestimmte ortsfeste Anlage bestimmt sind und anderweitig nicht auf dem Markt bereitgestellt werden, bei.* |
| (2) Gibt es Anzeichen dafür, dass eine ortsfeste Anlage den Anforderungen dieser Richtlinie nicht entspricht, insbesondere bei Beschwerden über von ihr verursachte Störungen, so können die zuständigen Behörden des betreffenden Mitgliedstaates den Nachweis ihrer Konformität verlangen und gegebenenfalls eine Überprüfung veranlassen. | (2) Gibt es Anzeichen dafür, dass eine ortsfeste Anlage den Anforderungen dieser Richtlinie nicht entspricht, insbesondere bei Beschwerden über durch die Anlage verursachte Störungen, so können die zuständigen Behörden des betreffenden Mitgliedstaats den Nachweis ihrer Konformität verlangen und gegebenenfalls eine Beurteilung veranlassen. | *identisch, trotz unterschiedlichem Wortlaut* |
| Wird festgestellt, dass die ortsfeste Anlage den Anforderungen nicht entspricht, so können die zuständigen Behörden geeignete Maßnahmen zur Herstellung der Konformität mit den Schutzanforderungen des Anhangs I Nummer 1 anordnen. | Wird festgestellt, dass die ortsfeste Anlage den Anforderungen nicht entspricht, so ordnen die zuständigen Behörden geeignete Maßnahmen zur Herstellung der Konformität mit den wesentlichen Anforderungen nach Anhang I an. | *Wichtiger Unterschied – aus einer Möglichkeit „können" die Behörden Maßnahmen anordnen wird jetzt die Verpflichtung zum Tätigwerden der Behörden vorgegeben.* |

| Bisherige Richtlinie 2004/108/EG | Neue Richtlinie 2014/30/EU | Kommentierung |
|---|---|---|
| (3) Die Mitgliedstaaten erlassen die erforderlichen Vorschriften für die Benennung der Person oder der Personen, die für die Feststellung der Konformität einer ortsfesten Anlage mit den einschlägigen grundlegenden Anforderungen zuständig sind. | (3) Die Mitgliedstaaten erlassen die erforderlichen Vorschriften für die Notifizierung der Person oder der Personen, die für die Feststellung der Konformität einer ortsfesten Anlage mit den einschlägigen wesentlichen Anforderungen zuständig sind. | identisch, lediglich Notifizierung wurde gegen Benennung ausgeaucht |
| Artikel 12 Benannte Stellen | **Artikel 20 Notifizierung** | |
| (1) Die Mitgliedstaaten melden der Kommission die Stellen, die sie zur Ausführung der in Anhang III genannten Aufgaben benannt haben. Die Mitgliedstaaten wenden bei der Auswahl der zu benennenden Stellen die Kriterien des Anhangs VI an.<br><br>Bei der Meldung der benannten Stellen ist anzugeben, ob diese zur Ausführung der in Anhang III genannten Aufgaben für alle von dieser Richtlinie erfassten Geräte und/oder die grundlegenden Anforderungen nach Anhang I zuständig sind oder ob ihr Zuständigkeitsbereich nur auf bestimmte Aspekte und/oder Gerätekategorien beschränkt ist. | Die Mitgliedstaaten notifizieren der Kommission und den übrigen Mitgliedstaaten die Stellen, die befugt sind, als unabhängige Dritte Konformitätsbewertungsaufgaben gemäß dieser Richtlinie wahrzunehmen. | Gänzlich neues Verfahren, das im normalen Text der Richtlinie (EU) Nr. 2014/30 in Kapitel 4 (Artikel 20 bis 37) geregelt ist. |
| | **Artikel 21 Notifizierende Behörden** | |
| | (1) Die Mitgliedstaaten teilen eine notifizierende Behörde mit, die für die Einrichtung und Durchführung der erforderlichen Verfahren für die Bewertung und Notifizierung von Konformitätsbewertungsstellen und für die Überwachung der notifizierten Stellen, einschließlich der Einhaltung von Artikel 26, zuständig ist. | neu |
| | (2) Die Mitgliedstaaten können entscheiden, dass die Bewertung und Überwachung nach Absatz 1 von einer nationalen Akkreditierungsstelle im Sinne von und im Einklang mit der Verordnung (EG) Nr. 765/2008 erfolgen. | neu |
| | (3) Falls die notifizierende Behörde die in Absatz 1 genannte Bewertung, Notifizierung oder Überwachung an eine nicht hoheitliche Stelle delegiert oder ihr auf andere Weise überträgt, so muss diese Stelle eine juristische Person sein und die sinngemäß angewandten Anforderungen des Artikels 22 erfüllen. Außerdem muss diese Stelle Vorsorge zur Deckung von aus ihrer Tätigkeit entstehenden Haftungsansprüchen treffen. | neu |

| Bisherige Richtlinie 2004/108/EG | Neue Richtlinie 2014/30/EU | Kommentierung |
|---|---|---|
| | (4) Die notifizierende Behörde trägt die volle Verantwortung für die von der in Absatz 3 genannten Stelle durchgeführten Tätigkeiten. | neu |
| | **Artikel 22 Anforderungen an notifizierende Behörden** | |
| | (1) Eine notifizierende Behörde wird so eingerichtet, dass es zu keinerlei Interessenkonflikt mit den Konformitätsbewertungsstellen kommt. | neu |
| | (2) Eine notifizierende Behörde gewährleistet durch ihre Organisation und Arbeitsweise, dass bei der Ausübung ihrer Tätigkeit Objektivität und Unparteilichkeit gewahrt sind. | neu |
| | (3) Eine notifizierende Behörde wird so strukturiert, dass jede Entscheidung über die Notifizierung einer Konformitätsbewertungsstelle von kompetenten Personen getroffen wird, die nicht mit den Personen identisch sind, welche die Bewertung durchgeführt haben. | neu |
| | (4) Eine notifizierende Behörde darf weder Tätigkeiten, die Konformitätsbewertungsstellen durchführen, noch Beratungsleistungen auf einer gewerblichen oder wettbewerblichen Basis anbieten oder erbringen. | neu |
| | (5) Eine notifizierende Behörde stellt die Vertraulichkeit der von ihr erlangten Informationen sicher. | neu |
| | (6) Einer notifizierenden Behörde stehen kompetente Mitarbeiter in ausreichender Zahl zur Verfügung, so dass sie ihre Aufgaben ordnungsgemäß wahrnehmen kann. | neu |
| | **Artikel 23 Informationspflichten der notifizierenden Behörden** | |
| | Jeder Mitgliedstaat unterrichtet die Kommission über seine Verfahren zur Bewertung und Notifizierung von Konformitätsbewertungsstellen und zur Überwachung notifizierter Stellen sowie über diesbezügliche Änderungen. | neu |
| | Die Kommission macht diese Informationen der Öffentlichkeit zugänglich. | |

| Bisherige Richtlinie 2004/108/EG | Neue Richtlinie 2014/30/EU | Kommentierung |
|---|---|---|
| | **Artikel 24 Anforderungen an notifizierte Stellen** | |
| | (1) Eine Konformitätsbewertungsstelle erfüllt für die Zwecke der Notifizierung die Anforderungen der Absätze 2 bis 11. | neu |
| | (2) Eine Konformitätsbewertungsstelle wird nach dem nationalen Recht eines Mitgliedstaates gegründet und ist mit Rechtspersönlichkeit ausgestattet. | neu |
| | (3) Bei einer Konformitätsbewertungsstelle muss es sich um einen unabhängigen Dritten handeln, der mit der Einrichtung oder dem Gerät, die bzw. das er bewertet, in keinerlei Verbindung steht. Eine Stelle, die einem Wirtschaftsverband oder einem Fachverband angehört und die Geräte bewertet, an deren Entwurf, Herstellung, Bereitstellung, Montage, Gebrauch oder Wartung Unternehmen beteiligt sind, die von diesem Verband vertreten werden, kann als solche Stelle gelten, unter der Bedingung, dass ihre Unabhängigkeit sowie die Abwesenheit jedweder Interessenkonflikte nachgewiesen sind. | neu |
| | (4) Eine Konformitätsbewertungsstelle, ihre oberste Leitungsebene und die für die Erfüllung der Konformitätsbewertungsaufgaben zuständigen Mitarbeiter dürfen nicht Konstrukteur, Hersteller, Lieferant, Installateur, Käufer, Eigentümer, Verwender oder Wartungsbetrieb der von ihnen zu bewertenden Geräte oder Vertreter einer dieser Parteien sein. Dies schließt nicht die Verwendung von bereits einer Konformitätsbewertung unterzogenen Geräten, die für die Tätigkeit der Konformitätsbewertungsstelle nötig sind, oder die Verwendung solcher Geräte zum persönlichen Gebrauch aus. | neu |
| | Eine Konformitätsbewertungsstelle, ihre oberste Leitungsebene und die für die Erfüllung der Konformitätsbewertungsaufgaben zuständigen Mitarbeiter dürfen weder direkt an Entwurf, Herstellung bzw. Bau, Vermarktung, Installation, Verwendung oder Wartung dieser Geräte beteiligt sein noch die an diesen Tätigkeiten beteiligten Parteien vertreten. Sie dürfen sich nicht mit Tätigkeiten befassen, die ihre Unabhängigkeit bei der Beurteilung oder ihre Integrität im Zusammenhang mit den Konformitätsbewertungsmaßnahmen, für die sie notifiziert sind, beeinträchtigen könnten. Dies gilt besonders für Beratungsdienstleistungen. | neu |

| Bisherige Richtlinie 2004/108/EG | Neue Richtlinie 2014/30/EU | Kommentierung |
|---|---|---|
|  | Die Konformitätsbewertungsstellen gewährleisten, dass die Tätigkeiten ihrer Zweigunternehmen oder Unterauftragnehmer die Vertraulichkeit, Objektivität oder Unparteilichkeit ihrer Konformitätsbewertungstätigkeiten nicht beeinträchtigen. | neu |
|  | (5) Die Konformitätsbewertungsstellen und ihre Mitarbeiter führen die Konformitätsbewertungstätigkeiten mit der größtmöglichen Professionalität und der erforderlichen fachlichen Kompetenz in dem betreffenden Bereich durch; sie dürfen keinerlei Einflussnahme, insbesondere finanzieller Art, ausgesetzt sein, die sich auf ihre Beurteilung oder die Ergebnisse ihrer Konformitätsbewertungsarbeit auswirken könnte und speziell von Personen oder Personengruppen ausgeht, die ein Interesse am Ergebnis dieser Tätigkeiten haben. | neu |
|  | (6) Eine Konformitätsbewertungsstelle ist in der Lage, alle Konformitätsbewertungsaufgaben zu bewältigen, die ihr nach Maßgabe von Anhang III zufallen und für die sie notifiziert wurde, gleichgültig, ob diese Aufgaben von der Stelle selbst oder in ihrem Auftrag und unter ihrer Verantwortung erfüllt werden. Eine Konformitätsbewertungsstelle verfügt jederzeit, für jedes Konformitätsbewertungsverfahren und für jede Art und Kategorie von Geräten, für die sie notifiziert wurde, über Folgendes:<br><br>a) die erforderlichen Mitarbeiter mit Fachkenntnis und ausreichender einschlägiger Erfahrung, um die bei der Konformitätsbewertung anfallenden Aufgaben zu erfüllen;<br><br>b) Beschreibungen von Verfahren, nach denen die Konformitätsbewertung durchgeführt wird, um die Transparenz und die Wiederholbarkeit dieser Verfahren sicherzustellen. Sie verfügt über angemessene Instrumente und geeignete Verfahren, bei denen zwischen den Aufgaben, die sie als notifizierte Stelle wahrnimmt, und anderen Tätigkeiten unterschieden wird;<br><br>c) Verfahren zur Durchführung von Tätigkeiten unter gebührender Berücksichtigung der Größe eines Unternehmens, der Branche, in der es tätig ist, seiner Struktur, dem Grad an Komplexität der jeweiligen Gerätetechnologie und der Tatsache, dass es sich bei dem Produktionsprozess um eine Massenfertigung oder Serienproduktion handelt. | neu |

| Bisherige Richtlinie 2004/108/EG | Neue Richtlinie 2014/30/EU | Kommentierung |
|---|---|---|
| | Eine Konformitätsbewertungsstelle muss über die erforderlichen Mittel zur angemessenen Erledigung der technischen und administrativen Aufgaben verfügen, die mit der Konformitätsbewertung verbunden sind, und Zugang zu allen benötigten Ausrüstungen oder Einrichtungen haben. | |
| | (7) Die Mitarbeiter, die für die Durchführung der bei der Konformitätsbewertung anfallenden Aufgaben zuständig sind, müssen über Folgendes verfügen: <br><br> a) eine solide Fach- und Berufsausbildung, die alle Tätigkeiten für die Konformitätsbewertung in dem Bereich umfasst, für den die Konformitätsbewertungsstelle notifiziert wurde, <br><br> b) eine ausreichende Kenntnis der Anforderungen, die mit den durchzuführenden Bewertungen verbunden sind, und die entsprechende Befugnis, solche Bewertungen durchzuführen, <br><br> c) angemessene Kenntnisse und Verständnis der wesentlichen Anforderungen nach Anhang I, der anwendbaren harmonisierten Normen und der betreffenden Bestimmungen der Harmonisierungsrechtsvorschriften der Union sowie der nationalen Rechtsvorschriften; <br><br> d) die Fähigkeit zur Erstellung von Bescheinigungen, Protokollen und Berichten als Nachweis für durchgeführte Bewertungen. | neu |
| | (8) Die Unparteilichkeit der Konformitätsbewertungsstellen, ihrer obersten Leitungsebenen und der für die Erfüllung der Konformitätsbewertungsaufgaben zuständigen Mitarbeiter wird garantiert. | neu |
| | Die Entlohnung der obersten Leitungsebene und der für die Erfüllung der Konformitätsbewertungsaufgaben zuständigen Mitarbeiter einer Konformitätsbewertungsstelle darf sich nicht nach der Anzahl der durchgeführten Bewertungen oder deren Ergebnissen richten. | neu |
| | (9) Die Konformitätsbewertungsstellen schließen eine Haftpflichtversicherung ab, sofern die Haftpflicht nicht aufgrund der nationalen Rechtsvorschriften vom Staat übernommen wird oder der Mitgliedstaat nicht selbst unmittelbar für die Konformitätsbewertung verantwortlich ist. | neu |

| Bisherige Richtlinie 2004/108/EG | Neue Richtlinie 2014/30/EU | Kommentierung |
|---|---|---|
| | (10) Informationen, welche die Mitarbeiter einer Konformitätsbewertungsstelle bei der Durchführung ihrer Aufgaben gemäß Anhang III oder einer der einschlägigen nationalen Durchführungsvorschriften erhalten, fallen unter die berufliche Schweigepflicht, außer gegenüber den zuständigen Behörden des Mitgliedstaates, in dem sie ihre Tätigkeiten ausüben. Eigentumsrechte werden geschützt. | *neu* |
| | (11) Die Konformitätsbewertungsstellen wirken an den einschlägigen Normungsaktivitäten und den Aktivitäten der Koordinierungsgruppe notifizierter Stellen mit, die im Rahmen der jeweiligen Harmonisierungsrechtsvorschriften der Union geschaffen wurde, bzw. sorgen dafür, dass die für die Erfüllung der Konformitätsbewertungsaufgaben zuständigen Mitarbeiter darüber informiert werden, und wenden die von dieser Gruppe erarbeiteten Verwaltungsentscheidungen und Dokumente als allgemeine Leitlinien an. | *neu* |
| | **Artikel 25 Konformitätsvermutung bei notifizierten Stellen** | |
| | Weist eine Konformitätsbewertungsstelle nach, dass sie die Kriterien der einschlägigen harmonisierten Normen oder von Teilen davon erfüllt, deren Fundstellen im Amtsblatt der Europäischen Union veröffentlicht worden sind, wird vermutet, dass sie die Anforderungen nach Artikel 24 erfüllt, soweit die anwendbaren harmonisierten Normen diese Anforderungen abdecken. | *neu* |
| | **Artikel 26 Zweigunternehmen von notifizierten Stellen und Vergabe von Unteraufträgen durch notifizierte Stellen** | |
| | (1) Vergibt die notifizierte Stelle bestimmte mit der Konformitätsbewertung verbundene Aufgaben an Unterauftragnehmer oder überträgt sie diese einem Zweigunternehmen, so stellt sie sicher, dass der Unterauftragnehmer oder das Zweigunternehmen die Anforderungen von Artikel 24 erfüllt, und unterrichtet die notifizierende Behörde entsprechend. | *neu* |
| | (2) Die notifizierten Stellen tragen die volle Verantwortung für die Arbeiten, die von Unterauftragnehmern oder Zweigunternehmen ausgeführt werden, unabhängig davon, wo diese niedergelassen sind. | *neu* |

| Bisherige Richtlinie 2004/108/EG | Neue Richtlinie 2014/30/EU | Kommentierung |
|---|---|---|
| | (3) Arbeiten dürfen nur dann an einen Unterauftragnehmer vergeben oder einem Zweigunternehmen übertragen werden, wenn der Kunde dem zustimmt. | neu |
| | (4) Die notifizierten Stellen halten die einschlägigen Unterlagen über die Begutachtung der Qualifikation des Unterauftragnehmers oder des Zweigunternehmens und die von ihm gemäß Anhang III ausgeführten Arbeiten für die notifizierende Behörde bereit. | neu |
| | **Artikel 27 Anträge auf Notifizierung** | |
| | (1) Eine Konformitätsbewertungsstelle beantragt ihre Notifizierung bei der notifizierenden Behörde des Mitgliedstaates, in dem sie ansässig ist. | neu |
| | (2) Dem Antrag auf Notifizierung legt sie eine Beschreibung der Konformitätsbewertungstätigkeiten, des/der Konformitätsbewertungsmoduls/-e und des Geräts, für das diese Stelle Kompetenz beansprucht, sowie, wenn vorhanden, eine Akkreditierungsurkunde bei, die von einer nationalen Akkreditierungsstelle ausgestellt wurde und in der diese bescheinigt, dass die Konformitätsbewertungsstelle die Anforderungen von Artikel 24 erfüllt. | neu |
| | (3) Kann die Konformitätsbewertungsstelle keine Akkreditierungsurkunde vorweisen, legt sie der notifizierenden Behörde als Nachweis alle Unterlagen vor, die erforderlich sind, um zu überprüfen, festzustellen und regelmäßig zu überwachen, ob sie die Anforderungen von Artikel 24 erfüllt. | neu |
| | **Artikel 28 Notifizierungsverfahren** | |
| | (1) Die notifizierenden Behörden dürfen nur Konformitätsbewertungsstellen notifizieren, die die Anforderungen von Artikel 24 erfüllen. | neu |
| | (2) Sie unterrichten die Kommission und die übrigen Mitgliedstaaten mit Hilfe des elektronischen Notifizierungsinstruments, das von der Kommission entwickelt und verwaltet wird. | neu |
| | (3) Eine Notifizierung enthält vollständige Angaben zu den Konformitätsbewertungstätigkeiten, dem/den betreffenden Konformitätsbewertungsmodul/-en und dem betreffenden Gerät sowie die betreffende Bestätigung der Kompetenz. | neu |

| Bisherige Richtlinie 2004/108/EG | Neue Richtlinie 2014/30/EU | Kommentierung |
|---|---|---|
| | (4) Beruht eine Notifizierung nicht auf einer Akkreditierungsurkunde gemäß Artikel 27 Absatz 2, legt die notifizierende Behörde der Kommission und den übrigen Mitgliedstaaten die Unterlagen, die die Kompetenz der Konformitätsbewertungsstelle nachweisen, sowie die Vereinbarungen vor, die getroffen wurden um sicherzustellen, dass die Stelle regelmäßig überwacht wird und stets den Anforderungen nach Artikel 24 genügt. | neu |
| | (5) Die betreffende Stelle darf die Aufgaben einer notifizierten Stelle nur dann wahrnehmen, wenn weder die Kommission noch die übrigen Mitgliedstaaten innerhalb von zwei Wochen nach einer Notifizierung, wenn eine Akkreditierungsurkunde vorliegt, oder innerhalb von zwei Monaten nach einer Notifizierung, wenn keine Akkreditierung vorliegt, Einwände erhoben haben. Nur eine solche Stelle gilt für die Zwecke dieser Richtlinie als notifizierte Stelle. | neu |
| | (6) Die notifizierende Behörde meldet der Kommission und den übrigen Mitgliedstaaten jede später eintretende Änderung der Notifizierung. | neu |
| | **Artikel 29 Kennnummern und Verzeichnis notifizierter Stellen** | |
| | (1) Die Kommission weist einer notifizierten Stelle eine Kennnummer zu. Selbst wenn eine Stelle für mehrere Rechtsvorschriften der Union notifiziert ist, erhält sie nur eine einzige Kennnummer. | neu |
| | (2) Die Kommission macht das Verzeichnis der nach dieser Richtlinie notifizierten Stellen samt den ihnen zugewiesenen Kennnummern und den Tätigkeiten, für die sie notifiziert wurden, öffentlich zugänglich. Die Kommission sorgt für die Aktualisierung des Verzeichnisses. | neu |
| | **Artikel 30 Änderungen der Notifizierungen** | |
| | (1) Falls eine notifizierende Behörde feststellt oder darüber unterrichtet wird, dass eine notifizierte Stelle die in Artikel 24 genannten Anforderungen nicht mehr erfüllt oder dass sie ihren Pflichten nicht nachkommt, schränkt sie die Notifizierung gegebenenfalls ein, setzt sie aus oder widerruft sie, wobei sie das Ausmaß berücksichtigt, in dem diesen Anforderungen nicht genügt wurde oder diesen Pflichten nicht nachgekommen wurde. Sie unterrichtet unverzüglich die Kommission und die übrigen Mitgliedstaaten darüber. | neu |

| Bisherige Richtlinie 2004/108/EG | Neue Richtlinie 2014/30/EU | Kommentierung |
|---|---|---|
| | (2) Bei Einschränkung, Aussetzung oder Widerruf der Notifizierung oder wenn die notifizierte Stelle ihre Tätigkeit einstellt, ergreift der notifizierende Mitgliedstaat die geeigneten Maßnahmen, um zu gewährleisten, dass die Akten dieser Stelle von einer anderen notifizierten Stelle weiter bearbeitet bzw. für die zuständigen notifizierenden Behörden und Marktüberwachungsbehörden auf deren Verlangen bereitgehalten werden. | neu |
| | **Artikel 31 Anfechtung der Kompetenz von notifizierten Stellen** | |
| | (1) Die Kommission untersucht alle Fälle, in denen sie die Kompetenz einer notifizierten Stelle oder die dauerhafte Erfüllung der entsprechenden Anforderungen und Pflichten durch eine notifizierte Stelle anzweifelt oder ihr Zweifel daran zur Kenntnis gebracht werden. | neu |
| | (2) Der notifizierende Mitgliedstaat erteilt der Kommission auf Verlangen sämtliche Auskünfte über die Grundlage für die Notifizierung oder die Erhaltung der Kompetenz der betreffenden notifizierten Stelle. | neu |
| | (3) Die Kommission stellt sicher, dass alle im Verlauf ihrer Untersuchungen erlangten sensiblen Informationen vertraulich behandelt werden. | neu |
| | (4) Stellt die Kommission fest, dass eine notifizierte Stelle die Voraussetzungen für ihre Notifizierung nicht oder nicht mehr erfüllt, erlässt sie einen Durchführungsrechtsakt, in dem sie den notifizierenden Mitgliedstaat auffordert, die erforderlichen Korrekturmaßnahmen zu treffen, einschließlich eines Widerrufs der Notifizierung, sofern dies nötig ist.<br><br>Dieser Durchführungsrechtsakt wird gemäß dem in Artikel 41 Absatz 2 genannten Beratungsverfahren erlassen. | neu |
| | **Artikel 32 Pflichten der notifizierten Stellen in Bezug auf ihre Arbeit** | |
| | (1) Die notifizierten Stellen führen die Konformitätsbewertung im Einklang mit den Konformitätsbewertungsverfahren gemäß Anhang III durch. | neu |

| Bisherige Richtlinie 2004/108/EG | Neue Richtlinie 2014/30/EU | Kommentierung |
|---|---|---|
| | (2) Konformitätsbewertungen werden unter Wahrung der Verhältnismäßigkeit durchgeführt, wobei unnötige Belastungen der Wirtschaftsakteure vermieden werden.<br><br>Die Konformitätsbewertungsstellen üben ihre Tätigkeiten unter gebührender Berücksichtigung der Größe eines Unternehmens, der Branche, in der es tätig ist, seiner Struktur sowie des Grads der Komplexität der betroffenen Gerätetechnologie und des Massenfertigungs- oder Seriencharakters des Fertigungsprozesses aus.<br><br>Hierbei gehen sie allerdings so streng vor und halten ein solches Schutzniveau ein, wie es für die Konformität des Geräts mit dieser Richtlinie erforderlich ist. | *neu* |
| | (3) Stellt eine notifizierte Stelle fest, dass ein Hersteller die wesentlichen Anforderungen nicht erfüllt hat, die in Anhang I oder in den entsprechenden harmonisierten Normen oder anderen technischen Spezifikationen festgelegt sind, fordert sie den Hersteller auf, angemessene Korrekturmaßnahmen zu ergreifen, und stellt keine Bescheinigung aus. | *neu* |
| | (4) Hat eine notifizierte Stelle bereits eine Bescheinigung ausgestellt und stellt im Rahmen der Überwachung der Konformität fest, dass das Gerät die wesentlichen Anforderungen nicht mehr erfüllt, fordert sie den Hersteller auf, angemessene Korrekturmaßnahmen zu ergreifen, und setzt die Bescheinigung falls nötig aus oder zieht sie zurück. | *neu* |
| | (5) Werden keine Korrekturmaßnahmen ergriffen oder zeigen sie nicht die nötige Wirkung, beschränkt die notifizierte Stelle gegebenenfalls alle Bescheinigungen, setzt sie aus bzw. zieht sie zurück. | *neu* |
| | **Artikel 33 Einspruch gegen Entscheidungen notifizierter Stellen** | |
| | Die Mitgliedstaaten stellen sicher, dass ein Einspruchsverfahren gegen die Entscheidungen notifizierter Stellen vorgesehen ist. | *neu* |

| Bisherige Richtlinie 2004/108/EG | Neue Richtlinie 2014/30/EU | Kommentierung |
|---|---|---|
|  | **Artikel 34 Meldepflichten der notifizierten Stellen** |  |
|  | (1) Die notifizierten Stellen melden der notifizierenden Behörde:<br><br>a) jede Verweigerung, Einschränkung, Aussetzung oder Rücknahme einer Bescheinigung,<br><br>b) alle Umstände, die Folgen für den Geltungsbereich oder die Bedingungen der Notifizierung haben,<br><br>c) jedes Auskunftsersuchen über Konformitätsbewertungstätigkeiten, das sie von den Marktüberwachungsbehörden erhalten haben,<br><br>d) auf Verlangen, welchen Konformitätsbewertungstätigkeiten sie im Geltungsbereich ihrer Notifizierung nachgegangen sind und welche anderen Tätigkeiten, einschließlich grenzüberschreitender Tätigkeiten und Vergabe von Unteraufträgen, sie ausgeführt haben. | *neu* |
|  | (2) Die notifizierten Stellen übermitteln den übrigen Stellen, die unter dieser Richtlinie notifiziert sind, ähnlichen Konformitätsbewertungstätigkeiten nachgehen und dieselben Geräte abdecken, einschlägige Informationen über die negativen und auf Verlangen auch über die positiven Ergebnisse von Konformitätsbewertungen. | *neu* |
|  | **Artikel 35 Erfahrungsaustausch** |  |
|  | Die Kommission organisiert den Erfahrungsaustausch zwischen den nationalen Behörden der Mitgliedstaaten, die für die Notifizierungspolitik zuständig sind. | *neu* |
|  | **Artikel 36 Koordinierung der notifizierten Stellen** |  |
|  | Die Kommission sorgt dafür, dass eine zweckmäßige Koordinierung und Kooperation zwischen den im Rahmen dieser Richtlinie notifizierten Stellen in Form einer sektoralen Gruppe notifizierter Stellen eingerichtet und ordnungsgemäß betrieben wird. Die Mitgliedstaaten gewährleisten, dass sich die von ihnen notifizierten Stellen an der Arbeit dieser Gruppe direkt oder über notifizierte Bevollmächtigte beteiligen. | *neu* |

| Bisherige Richtlinie 2004/108/EG | Neue Richtlinie 2014/30/EU | Kommentierung |
|---|---|---|
| Artikel 10 Schutzklausel | **Artikel 37 Überwachung des Unionsmarktes und Kontrolle der auf den Unionsmarkt eingeführten Geräte** | |
| (1) Stellt ein Mitgliedstaat fest, dass ein mit der CE-Kennzeichnung versehenes Gerät nicht den Anforderungen dieser Richtlinie entspricht, so ergreift er alle zweckdienlichen Maßnahmen, um das Gerät vom Markt zu nehmen, das Inverkehrbringen oder die Inbetriebnahme zu untersagen oder den freien Verkehr für dieses Gerät einzuschränken.

(2) Der betreffende Mitgliedstaat teilt der Kommission und den übrigen Mitgliedstaaten eine solche Maßnahme unverzüglich mit, begründet seine Entscheidung und gibt insbesondere an, ob die Nichtübereinstimmung zurückzuführen ist

a) auf die Nichterfüllung der in Anhang I genannten grundlegenden Anforderungen, falls das Gerät nicht den in Artikel 6 genannten harmonisierten Normen entspricht;

b) auf eine fehlerhafte Anwendung der in Artikel 6 genannten harmonisierten Normen;

c) auf Mängel der in Artikel 6 genannten harmonisierten Normen.

(3) Die Kommission hört die Betroffenen so bald wie möglich und teilt anschließend den Mitgliedstaaten mit, ob sie die Maßnahme für gerechtfertigt hält oder nicht.

(4) Sind Mängel der harmonisierten Normen der Grund für die Maßnahme nach Absatz 1 und beabsichtigt der Mitgliedstaat, die Maßnahme aufrechtzuerhalten, so befasst die Kommission nach Anhörung der Beteiligten den Ausschuss und leitet das in Artikel 6 Absätze 3 und 4 vorgesehene Verfahren ein.

(5) Ist das nicht übereinstimmende Gerät dem in Anhang III genannten Konformitätsbewertungsverfahren unterzogen worden, so ergreift der zuständige Mitgliedstaat geeignete Maßnahmen gegenüber dem Aussteller der Erklärung nach Anhang III Nummer 3 und unterrichtet hiervon die Kommission und die übrigen Mitgliedstaaten. | Für Geräte gelten Artikel 15 Absatz 3 und Artikel 16 bis 29 der Verordnung (EG) Nr. 765/2008. | *notwendiger Verweis auf die Regelungen der Verordnung (EG) Nr. 765/2008*

*– auf einen Abdruck wird hier verzichtet –* |
| Artikel 11 Entscheidungen, den freien Verkehr von Geräten zurückzunehmen, zu verbieten oder einzuschränken | | |

Synoptische Kommentierung der neuen EMV-Richtlinie 2014/30/EU | **Kapitel 3**

| Bisherige Richtlinie 2004/108/EG | Neue Richtlinie 2014/30/EU | Kommentierung |
|---|---|---|
| (1) Jede aufgrund dieser Richtlinie getroffene Entscheidung, mit der ein Gerät vom Markt genommen wird oder das Inverkehrbringen, die Inbetriebnahme oder der freie Verkehr für dieses Gerät eingeschränkt oder untersagt wird, muss ausführlich begründet werden. Sie ist dem Betroffenen unverzüglich mitzuteilen; gleichzeitig ist ihm mitzuteilen, welche Rechtsmittel ihm nach den jeweiligen einzelstaatlichen Rechtsvorschriften zur Verfügung stehen und innerhalb welcher Fristen diese Rechtsmittel einzulegen sind.<br><br>(2) Wird eine Entscheidung nach Absatz 1 getroffen, so ist dem Hersteller, seinem Bevollmächtigten oder jeder anderen interessierten Stelle vorher Gelegenheit zur Stellungnahme zu geben, es sei denn, die Maßnahme ist, insbesondere im öffentlichen Interesse, so dringlich, dass eine vorherige Anhörung nicht möglich ist. | | |
| Artikel 10 Schutzklausel | **Artikel 38 Verfahren zur Behandlung von Geräten, mit denen ein Risiko verbunden ist, auf nationaler Ebene** | |
| (1) Stellt ein Mitgliedstaat fest, dass ein mit der CE-Kennzeichnung versehenes Gerät nicht den Anforderungen dieser Richtlinie entspricht, so ergreift er alle zweckdienlichen Maßnahmen, um das Gerät vom Markt zu nehmen, das Inverkehrbringen oder die Inbetriebnahme zu untersagen oder den freien Verkehr für dieses Gerät einzuschränken.<br><br>(2) Der betreffende Mitgliedstaat teilt der Kommission und den übrigen Mitgliedstaaten eine solche Maßnahme unverzüglich mit, begründet seine Entscheidung und gibt insbesondere an, ob die Nichtübereinstimmung zurückzuführen ist<br><br>a) auf die Nichterfüllung der in Anhang I genannten grundlegenden Anforderungen, falls das Gerät nicht den in Artikel 6 genannten harmonisierten Normen entspricht;<br><br>b) auf eine fehlerhafte Anwendung der in Artikel 6 genannten harmonisierten Normen;<br><br>c) auf Mängel der in Artikel 6 genannten harmonisierten Normen.<br><br>(3) Die Kommission hört die Betroffenen so bald wie möglich und teilt anschließend den Mitgliedstaaten mit, ob sie die Maßnahme für gerechtfertigt hält oder nicht. | (1) Haben die Marktüberwachungsbehörden eines Mitgliedstaates hinreichenden Grund zu der Annahme, dass ein unter diese Richtlinie fallendes Gerät ein Risiko für Aspekte des Schutzes öffentlicher Interessen, die unter diese Richtlinie fallen, darstellt, beurteilen sie, ob das betreffende Gerät alle in dieser Richtlinie festgelegten einschlägigen Anforderungen erfüllt. Die betreffenden Wirtschaftsakteure arbeiten zu diesem Zweck im erforderlichen Umfang mit den Marktüberwachungsbehörden zusammen.<br><br>Gelangen die Marktüberwachungsbehörden im Verlauf der Beurteilung nach Unterabsatz 1 zu dem Ergebnis, dass das Gerät nicht die Anforderungen dieser Richtlinie erfüllt, so fordern sie unverzüglich den betreffenden Wirtschaftsakteur dazu auf, innerhalb einer von der Behörde vorgeschriebenen, der Art des Risikos angemessenen Frist alle geeigneten Korrekturmaßnahmen zu ergreifen, um die Übereinstimmung des Geräts mit diesen Anforderungen herzustellen, es vom Markt zu nehmen oder zurückzurufen.<br><br>Die Marktüberwachungsbehörden unterrichten die entsprechende notifizierte Stelle. | *Der neue Artikel 38 konkretisiert das Verfahren zur Behandlung von Geräten, mit denen ein EMV-Risiko verbunden ist. Erfüllt ein Gerät nach Meinung der Marktüberwachung nicht die Anforderungen der Richtlinie (EU) Nr. 2014/30, kann sie zu beschränkenden Maßnahmen im Sinne des Artikels 21 der Verordnung (EG) Nr. 765/2008 greifen. Danach gilt Folgendes:*<br><br>*1. Die Mitgliedstaaten müssen sicherstellen, dass jede gemäß den jeweiligen Harmonisierungsrechtsvorschriften der Gemeinschaft ergriffene Maßnahme zur Untersagung oder Beschränkung der Bereitstellung eines Produkts auf dem Markt, zur Rücknahme vom Markt oder zum Rückruf verhältnismäßig ist und eine präzise Begründung enthält.*<br><br>*2. Solche Maßnahmen müssen dem betroffenen Wirtschaftsakteur unverzüglich bekanntgegeben werden. Dabei muss er auch informiert werden, welche Rechtsmittel ihm aufgrund der Rechtsvorschriften des betreffenden Mitgliedstaates zur Verfügung stehen und innerhalb welcher Fristen sie einzulegen sind.* |

# Synoptische Kommentierung der neuen EMV-Richtlinie 2014/30/EU | Kapitel 3

| Bisherige Richtlinie 2004/108/EG | Neue Richtlinie 2014/30/EU | Kommentierung |
|---|---|---|
| (4) Sind Mängel der harmonisierten Normen der Grund für die Maßnahme nach Absatz 1 und beabsichtigt der Mitgliedstaat, die Maßnahme aufrechtzuerhalten, so befasst die Kommission nach Anhörung der Beteiligten den Ausschuss und leitet das in Artikel 6 Absätze 3 und 4 vorgesehene Verfahren ein.<br><br>(5) Ist das nicht übereinstimmende Gerät dem in Anhang III genannten Konformitätsbewertungsverfahren unterzogen worden, so ergreift der zuständige Mitgliedstaat geeignete Maßnahmen gegenüber dem Aussteller der Erklärung nach Anhang III Nummer 3 und unterrichtet hiervon die Kommission und die übrigen Mitgliedstaaten. | Artikel 21 der Verordnung (EG) Nr. 765/2008 gilt für die in Unterabsatz 2 dieses Absatzes genannten Maßnahmen. | *3. Vor Erlass einer beschränkenden Maßnahme nach Absatz 1 muss dem betroffenen Wirtschaftsakteur Gelegenheit gegeben werden, sich innerhalb einer angemessenen Frist, die nicht kürzer als zehn Tage sein darf, zu äußern – es sei denn, seine Anhörung wäre nicht möglich, weil ihr die Dringlichkeit der Maßnahme aufgrund von Anforderungen der einschlägigen Harmonisierungsrechtsvorschriften der Gemeinschaft in Bezug auf Gesundheit, Sicherheit oder andere Gründe im Zusammenhang mit den öffentlichen Interessen entgegensteht. Wenn eine Maßnahme getroffen wurde, ohne dass der betreffende Akteur gehört wurde, muss ihm so schnell wie möglich Gelegenheit zur Äußerung gegeben und die getroffene Maßnahme umgehend überprüft werden.*<br><br>*Jede Maßnahme nach Artikel 1 Absatz 1 der Verordnung (EG) Nr. 765/2008 muss umgehend zurückgenommen oder geändert werden, sobald der Wirtschaftsakteur nachweist, dass er wirksame Maßnahmen getroffen hat.* |
| Artikel 11 Entscheidungen, den freien Verkehr von Geräten zurückzunehmen, zu verbieten oder einzuschränken | | |
| (1) Jede aufgrund dieser Richtlinie getroffene Entscheidung, mit der ein Gerät vom Markt genommen wird oder das Inverkehrbringen, die Inbetriebnahme oder der freie Verkehr für dieses Gerät eingeschränkt oder untersagt wird, muss ausführlich begründet werden. Sie ist dem Betroffenen unverzüglich mitzuteilen; gleichzeitig ist ihm mitzuteilen, welche Rechtsmittel ihm nach den jeweiligen einzelstaatlichen Rechtsvorschriften zur Verfügung stehen und innerhalb welcher Fristen diese Rechtsmittel einzulegen sind.<br><br>(2) Wird eine Entscheidung nach Absatz 1 getroffen, so ist dem Hersteller, seinem Bevollmächtigten oder jeder anderen interessierten Stelle vorher Gelegenheit zur Stellungnahme zu geben, es sei denn, die Maßnahme ist, insbesondere im öffentlichen Interesse, so dringlich, dass eine vorherige Anhörung nicht möglich ist. | (2) Sind die Marktüberwachungsbehörden der Auffassung, dass sich die Nichtkonformität nicht auf das Hoheitsgebiet des Mitgliedstaates beschränkt, unterrichten sie die Kommission und die übrigen Mitgliedstaaten über die Ergebnisse der Beurteilung und die Maßnahmen, zu denen sie den Wirtschaftsakteur aufgefordert haben. | neu |

| Bisherige Richtlinie 2004/108/EG | Neue Richtlinie 2014/30/EU | Kommentierung |
|---|---|---|
| | (3) Der Wirtschaftsakteur gewährleistet, dass alle geeigneten Korrekturmaßnahmen, die er ergreift, sich auf sämtliche betroffenen Geräte erstrecken, die er in der Union auf dem Markt bereitgestellt hat. | *neu* |
| | (4) Ergreift der betreffende Wirtschaftsakteur innerhalb der in Absatz 1 Unterabsatz 2 genannten Frist keine angemessenen Korrekturmaßnahmen, so treffen die Marktüberwachungsbehörden alle geeigneten vorläufigen Maßnahmen, um die Bereitstellung des Geräts auf ihrem nationalen Markt zu untersagen oder einzuschränken, das Gerät vom Markt zu nehmen oder zurückzurufen.<br><br>Die Marktüberwachungsbehörden unterrichten die Kommission und die übrigen Mitgliedstaaten unverzüglich über diese Maßnahmen. | *neu* |
| | (5) Aus den in Absatz 4 Unterabsatz 2 genannten Informationen gehen alle verfügbaren Angaben hervor, insbesondere die Daten für die Identifizierung des nichtkonformen Geräts, die Herkunft des Geräts, die Art der behaupteten Nichtkonformität und des Risikos sowie die Art und Dauer der ergriffenen nationalen Maßnahmen und die Argumente des betreffenden Wirtschaftsakteurs. Die Marktüberwachungsbehörden geben insbesondere an, ob die Nichtkonformität auf Folgendes zurückzuführen ist:<br><br>a) Das Gerät erfüllt die in dieser Richtlinie festgelegten Anforderungen hinsichtlich der Aspekte des Schutzes der öffentlichen Interessen nicht; oder<br><br>b) die harmonisierten Normen, bei deren Einhaltung laut Artikel 13 eine Konformitätsvermutung gilt, sind mangelhaft. | *neu* |
| | (6) Die anderen Mitgliedstaaten außer jenem, der das Verfahren nach diesem Artikel eingeleitet hat, unterrichten die Kommission und die übrigen Mitgliedstaaten unverzüglich über alle erlassenen Maßnahmen und jede weitere ihnen vorliegende Information über die Nichtkonformität des Geräts sowie, falls sie der erlassenen nationalen Maßnahme nicht zustimmen, über ihre Einwände. | *neu* |
| | (7) Erhebt weder ein Mitgliedstaat noch die Kommission innerhalb von drei Monaten nach Erhalt der in Absatz 4 Unterabsatz 2 genannten Informationen einen Einwand gegen eine vorläufige Maßnahme eines Mitgliedstaates, so gilt diese Maßnahme als gerechtfertigt. | *neu* |

| Bisherige Richtlinie 2004/108/EG | Neue Richtlinie 2014/30/EU | Kommentierung |
|---|---|---|
| | (8) Die Mitgliedstaaten gewährleisten, dass unverzüglich geeignete restriktive Maßnahmen, wie etwa die Rücknahme des Geräts vom Markt, hinsichtlich des betreffenden Geräts getroffen werden. | neu |
| siehe Artikel 10 und 11 | **Artikel 39 Schutzklauselverfahren der Union** | |
| | (1) Wurden nach Abschluss des Verfahrens gemäß Artikel 38 Absätze 3 und 4 Einwände gegen eine Maßnahme eines Mitgliedstaates erhoben oder ist die Kommission der Auffassung, dass eine nationale Maßnahme nicht mit dem Unionsrecht vereinbar ist, konsultiert die Kommission unverzüglich die Mitgliedstaaten und den/die betreffenden Wirtschaftsakteur/-e und nimmt eine Beurteilung der nationalen Maßnahme vor. Anhand der Ergebnisse dieser Beurteilung erlässt die Kommission einen Durchführungsrechtsakt, in dem sie feststellt, ob die nationale Maßnahme gerechtfertigt ist oder nicht.<br><br>Die Kommission richtet ihren Beschluss an alle Mitgliedstaaten und teilt ihn ihnen und dem/den betreffenden Wirtschaftsakteur/-en unverzüglich mit. | neu |
| | (2) Gilt die nationale Maßnahme als gerechtfertigt, ergreifen alle Mitgliedstaaten die erforderlichen Maßnahmen, um zu gewährleisten, dass das nichtkonforme Gerät von ihrem Markt genommen wird, und unterrichten die Kommission darüber. Gilt die nationale Maßnahme nicht als gerechtfertigt, so muss der betreffende Mitgliedstaat sie zurücknehmen. | neu |
| | (3) Gilt die nationale Maßnahme als gerechtfertigt und wird die Nichtkonformität des Geräts mit Mängeln der harmonisierten Normen gemäß Artikel 38 Absatz 5 Buchstabe b begründet, leitet die Kommission das Verfahren nach Artikel 11 der Verordnung (EU) Nr. 1025/2012 ein. | neu |
| | **Artikel 40 Formale Nichtkonformität** | |
| | (1) Unbeschadet des Artikels 38 fordert ein Mitgliedstaat den betreffenden Wirtschaftsakteur dazu auf, die betreffende Nichtkonformität zu korrigieren, falls er einen der folgenden Fälle feststellt: | neu – durch die Vorschrift wird der nationale Staat bei Nichtkonformität in den aufgeführten Fällen zum Tätigwerden verpflichtet |

| Bisherige Richtlinie 2004/108/EG | Neue Richtlinie 2014/30/EU | Kommentierung |
|---|---|---|
| | a) die CE-Kennzeichnung wurde unter Nichteinhaltung von Artikel 30 der Verordnung (EG) Nr. 765/2008 oder von Artikel 17 dieser Richtlinie angebracht;<br><br>b) die CE-Kennzeichnung wurde nicht angebracht;<br><br>c) die EU-Konformitätserklärung wurde nicht ausgestellt;<br><br>d) die EU-Konformitätserklärung wurde nicht ordnungsgemäß ausgestellt;<br><br>e) die technischen Unterlagen sind entweder nicht verfügbar oder nicht vollständig;<br><br>f) die in Artikel 7 Absatz 6 oder Artikel 9 Absatz 3 genannten Angaben fehlen, sind falsch oder unvollständig;<br><br>g) eine andere Verwaltungsanforderung nach Artikel 7 oder Artikel 9 ist nicht erfüllt. | |
| | (2) Besteht die Nichtkonformität gemäß Absatz 1 weiter, so trifft der betroffene Mitgliedstaat alle geeigneten Maßnahmen, um die Bereitstellung des Geräts auf dem Markt zu beschränken oder zu untersagen oder um dafür zu sorgen, dass es zurückgerufen oder vom Markt genommen wird. | neu |
| | **Artikel 41 Ausschussverfahren** | |
| | (1) Die Kommission wird von dem Ausschuss für elektromagnetische Verträglichkeit unterstützt. Dabei handelt es sich um einen Ausschuss im Sinne der Verordnung (EU) Nr. 182/2011. | Das Ausschussverfahren wird neu geregelt.<br><br>Die Bestimmungen über die Tätigkeit des Ausschusses für „EMV" müssen an die in der Verordnung (EU) Nr. 182/2011 vom 16. Februar 2011 enthaltenen neuen Bestimmungen über sogenannte Durchführungsrechtsakte angepasst werden (Erwägungsgrund 51 der Richtlinie (EU) Nr. 2014/30). |
| | (2) Wird auf diesen Absatz Bezug genommen, so gilt Artikel 4 der Verordnung (EU) Nr. 182/2011. | |
| | (3) Der Ausschuss wird von der Kommission zu allen Angelegenheiten konsultiert, für die die Konsultation von Experten des jeweiligen Sektors gemäß der Verordnung (EU) Nr. 1025/2012 oder einer anderen Rechtsvorschrift der Union erforderlich ist. | Laut Erwägungsgrund 28 der Richtlinie enthält die Verordnung (EU) Nr. 1025/2012 mit Artikel 11 ein Verfahren für Einwände gegen harmonisierte Normen, falls diese Normen den Anforderungen der vorliegenden Richtlinie nicht in vollem Umfang entsprechen. |

| Bisherige Richtlinie 2004/108/EG | Neue Richtlinie 2014/30/EU | Kommentierung |
|---|---|---|
|  | Der Ausschuss kann darüber hinaus im Einklang mit seiner Geschäftsordnung jegliche anderen Angelegenheiten im Zusammenhang mit der Anwendung dieser Richtlinie prüfen, die entweder von seinem Vorsitz oder von einem Vertreter eines Mitgliedstaates vorgelegt werden. | *Anmerkung: Hier gibt es aktuell einen Streit über den englischen Verordnungstext und die offizielle deutsche Übersetzung. Deutschland und Österreich haben gegenüber der Kommission erklärt, dass für sie ausschließlich der englische Text maßgeblich sei. Ob es hier zu einer Änderung kommt, ist noch nicht abzusehen.* |
|  | **Artikel 42 Sanktionen** |  |
|  | Die Mitgliedstaaten legen Regelungen für Sanktionen fest, die bei Verstößen gegen die nach Maßgabe dieser Richtlinie erlassenen nationalen Rechtsvorschriften durch Wirtschaftsakteure verhängt werden, und treffen die zu deren Durchsetzung erforderlichen Maßnahmen. Diese Regelungen können bei schweren Verstößen strafrechtliche Sanktionen vorsehen.<br><br>Die vorgesehenen Sanktionen müssen wirksam, verhältnismäßig und abschreckend sein. | *Besonders wichtige Neuregelung – bisher enthielt die Richtlinie (EG) Nr. 2004/108 keinerlei Sanktionen für Hersteller und Bevollmächtigte. Die nationale Regelung wird diesbezüglich wahrscheinlich relativ hohe Bußgelder als Sanktionsinstrument vorsehen.* |
| Artikel 15 Übergangsbestimmungen | **Artikel 43 Übergangsbestimmungen** |  |
| Die Mitgliedstaaten dürfen das Inverkehrbringen und/oder die Inbetriebnahme von Betriebsmitteln, die den Bestimmungen der Richtlinie 89/336/EWG entsprechen und vor dem 20. Juli 2009 in Verkehr gebracht wurden, nicht behindern. | Die Mitgliedstaaten dürfen die Bereitstellung auf dem Markt und/oder die Inbetriebnahme von Betriebsmitteln, die der Richtlinie 2004/108/EG unterliegen, deren Anforderungen erfüllen und vor dem 20. April 2016 in Verkehr gebracht wurden, nicht behindern. | *notwendige Regelung zur Vorgehensweise während der Umsetzungsfrist* |
| Artikel 16 Umsetzung | **Artikel 44 Umsetzung** |  |
| (1) Die Mitgliedstaaten erlassen und veröffentlichen die Rechts- und Verwaltungsvorschriften, die erforderlich sind, um dieser Richtlinie bis zum 20. Januar 2007 nachzukommen. Sie setzen die Kommission unverzüglich davon in Kenntnis. Sie wenden diese Vorschriften ab dem 20. Juli 2007 an. Wenn die Mitgliedstaaten diese Vorschriften erlassen, nehmen sie in den Vorschriften selbst oder durch einen Hinweis bei der amtlichen Veröffentlichung auf diese Richtlinie Bezug. Die Mitgliedstaaten regeln die Einzelheiten der Bezugnahme. | (1) Die Mitgliedstaaten erlassen und veröffentlichen spätestens bis zum 19. April 2016 die erforderlichen Rechts- und Verwaltungsvorschriften, um Artikel 2 Absatz 2, Artikel 3 Absatz 1 Nummern 9 bis 25, Artikel 4, Artikel 5 Absatz 1, Artikel 7 bis 12, Artikel 15, 16 und 17, Artikel 19 Absatz 1 Unterabsatz 1 und Artikel 20 bis 43 sowie den Anhängen II, III und IV nachzukommen. Sie teilen der Kommission unverzüglich den Wortlaut dieser Maßnahmen mit. Sie wenden diese Maßnahmen ab dem 20. April 2016 an. | *inhaltlich im weitesten Sinne identisch* |

| Bisherige Richtlinie 2004/108/EG | Neue Richtlinie 2014/30/EU | Kommentierung |
|---|---|---|
| | Bei Erlass dieser Maßnahmen nehmen die Mitgliedstaaten in den Vorschriften selbst oder durch einen Hinweis bei der amtlichen Veröffentlichung auf die vorliegende Richtlinie Bezug. In diese Maßnahmen fügen sie die Erklärung ein, dass Bezugnahmen in den geltenden Rechts- und Verwaltungsvorschriften auf die durch die vorliegende Richtlinie aufgehobene Richtlinie als Bezugnahmen auf die vorliegende Richtlinie gelten. Die Mitgliedstaaten regeln die Einzelheiten dieser Bezugnahme und die Formulierung dieser Erklärung. | |
| (2) Die Mitgliedstaaten teilen der Kommission den Wortlaut der innerstaatlichen Rechtsvorschriften mit, die sie auf dem unter diese Richtlinie fallenden Gebiet erlassen. | (2) Die Mitgliedstaaten teilen der Kommission den Wortlaut der wichtigsten nationalen Rechtsvorschriften mit, die sie auf dem unter diese Richtlinie fallenden Gebiet erlassen. | *weitgehend identisch* |
| Artikel 14 Aufgehobene Rechtsvorschriften | **Artikel 45 Aufhebung** | |
| Die Richtlinie 89/336/EWG wird mit Wirkung vom 20. Juli 2007 aufgehoben. | Die Richtlinie 2004/108/EG wird unbeschadet der Pflichten der Mitgliedstaaten hinsichtlich der Frist für die Umsetzung in nationales Recht und des Zeitpunkts der Anwendung der Richtlinie gemäß Anhang V mit Wirkung vom 20. April 2016 aufgehoben. | *inhaltlich bis auf das Datum weitgehend identisch* |
| Verweisungen auf die Richtlinie 89/336/EWG gelten als Verweisungen auf diese Richtlinie und sind anhand der Entsprechungstabelle in Anhang VII zu lesen. | Bezugnahmen auf die aufgehobene Richtlinie gelten als Bezugnahmen auf die vorliegende Richtlinie und sind nach Maßgabe der Entsprechungstabelle in Anhang VI zu lesen. | *trotz des unterschiedlichen Wortlauts identisch* |
| Artikel 17 Inkrafttreten | **Artikel 46 Inkrafttreten** | |
| Diese Richtlinie tritt am zwanzigsten Tag nach ihrer Veröffentlichung im Amtsblatt der Europäischen Union in Kraft. | Diese Richtlinie tritt am zwanzigsten Tag nach ihrer Veröffentlichung im Amtsblatt der Europäischen Union in Kraft. | *weitgehend identisch* |
| | Artikel 1, Artikel 2, Artikel 3 Absatz 1 Nummern 1 bis 8 und Absatz 2, Artikel 5 Absätze 2 und 3, Artikel 6, Artikel 13, Artikel 19 Absatz 3 und Anhang I sind ab dem 20. April 2016 anwendbar. | |
| Artikel 18 Adressaten | **Artikel 47 Adressaten** | |
| Diese Richtlinie ist an die Mitgliedstaaten gerichtet. | Diese Richtlinie ist an die Mitgliedstaaten gerichtet. | |
| ANHANG I<br>GRUNDLEGENDE ANFORDERUNGEN NACH ARTIKEL 5 | **ANHANG I**<br>**WESENTLICHE ANFORDERUNGEN** | |
| 1. Schutzanforderungen<br>Betriebsmittel müssen nach dem Stand der Technik so konstruiert und gefertigt sein, dass | 1. Allgemeine Anforderungen<br>Betriebsmittel müssen nach dem Stand der Technik so entworfen und gefertigt sein, dass | *trotz des unterschiedlichen Wortlauts identisch* |

| Bisherige Richtlinie 2004/108/EG | Neue Richtlinie 2014/30/EU | Kommentierung |
|---|---|---|
| a) die von ihnen verursachten elektromagnetischen Störungen keinen Pegel erreichen, bei dem ein bestimmungsgemäßer Betrieb von Funk- und Telekommunikationsgeräten oder anderen Betriebsmitteln nicht möglich ist; | a) die von ihnen verursachten elektromagnetischen Störungen keinen Pegel erreichen, bei dem ein bestimmungsgemäßer Betrieb von Funk- und Telekommunikationsgeräten oder anderen Betriebsmitteln nicht möglich ist; | *trotz des unterschiedlichen Wortlauts identisch* |
| b) sie gegen die bei bestimmungsgemäßem Betrieb zu erwartenden elektromagnetischen Störungen hinreichend unempfindlich sind, um ohne unzumutbare Beeinträchtigung bestimmungsgemäß arbeiten zu können. | b) sie gegen die bei bestimmungsgemäßem Betrieb zu erwartenden elektromagnetischen Störungen hinreichend unempfindlich sind, um ohne unzumutbare Beeinträchtigung bestimmungsgemäß arbeiten zu können. | *identisch* |
| 2. Besondere Anforderungen an ortsfeste Anlagen Installation und vorgesehene Verwendung der Komponenten: | 2. Besondere Anforderungen an ortsfeste Anlagen Installation und vorgesehene Verwendung der Komponenten: | *identisch* |
| Ortsfeste Anlagen sind nach den anerkannten Regeln der Technik zu installieren, und im Hinblick auf die Erfüllung der Schutzanforderungen des Abschnitts 1 sind die Angaben zur vorgesehenen Verwendung der Komponenten zu berücksichtigen. Diese anerkannten Regeln der Technik sind zu dokumentieren, und der Verantwortliche/die Verantwortlichen halten die Unterlagen für die zuständigen einzelstaatlichen Behörden zu Kontrollzwecken zur Einsicht bereit, solange die ortsfeste Anlage in Betrieb ist. | Ortsfeste Anlagen sind nach den anerkannten Regeln der Technik zu installieren, und im Hinblick auf die Erfüllung der wesentlichen Anforderungen des Abschnitts 1 sind die Angaben zur vorgesehenen Verwendung der Komponenten zu berücksichtigen. | *Satz 1 identisch, Satz 2 der Richtlinie (EG) Nr. 2004/108 ist aufgrund der entsprechenden Regelungen in Artikel 19 Absatz 1 der neuen Richtlinie entbehrlich.* |
| ANHANG II<br>KONFORMITÄTSBEWERTUNGSVERFAHREN NACH ARTIKEL 7<br>(interne Fertigungskontrolle) | **ANHANG II**<br>**MODUL A: INTERNE FERTIGUNGSKONTROLLE** | |
| 1. Der Hersteller hat anhand der maßgebenden Erscheinungen die elektromagnetische Verträglichkeit seines Gerätes zu bewerten, um festzustellen, ob es die Schutzanforderungen nach Anhang I Nummer 1 erfüllt. Die sachgerechte Anwendung aller einschlägigen harmonisierten Normen, deren Fundstellen im Amtsblatt der Europäischen Union veröffentlicht sind, ist der Bewertung der elektromagnetischen Verträglichkeit gleichwertig. | 1. Bei der internen Fertigungskontrolle handelt es sich um das Konformitätsbewertungsverfahren, mit dem der Hersteller die in den Nummern 2, 3, 4 und 5 dieses Anhangs genannten Pflichten erfüllt sowie gewährleistet und auf eigene Verantwortung erklärt, dass die betreffenden Geräte den auf sie anwendbaren Anforderungen dieser Richtlinie genügen. | *neu* |
| 2. Bei der Bewertung der elektromagnetischen Verträglichkeit sind alle bei bestimmungsgemäßem Betrieb üblichen Bedingungen zu berücksichtigen. Kann ein Gerät in verschiedenen Konfigurationen betrieben werden, so muss die Bewertung der elektromagnetischen Verträglichkeit bestätigen, ob es die Schutzanforderungen nach Anhang I Nummer 1 in allen Konfigurationen erfüllt, die der Hersteller als repräsentativ für die bestimmungsgemäße Verwendung bezeichnet. | 2. Bewertung der elektromagnetischen Verträglichkeit<br><br>Der Hersteller hat anhand der relevanten Phänomene die elektromagnetische Verträglichkeit seines Geräts zu bewerten, um festzustellen, ob es die wesentlichen Anforderungen nach Anhang I Nummer 1 erfüllt. | *trotz des unterschiedlichen Wortlauts nahezu identisch* |

| Bisherige Richtlinie 2004/108/EG | Neue Richtlinie 2014/30/EU | Kommentierung |
|---|---|---|
| | Bei der Bewertung der elektromagnetischen Verträglichkeit sind alle bei bestimmungsgemäßem Betrieb üblichen Bedingungen zu berücksichtigen. Kann ein Gerät in verschiedenen Konfigurationen betrieben werden, so muss die Bewertung der elektromagnetischen Verträglichkeit bestätigen, ob es die wesentlichen Anforderungen nach Anhang I Nummer 1 in allen Konfigurationen erfüllt, die der Hersteller als repräsentativ für die bestimmungsgemäße Verwendung bezeichnet. | |
| 3. Der Hersteller erstellt nach den Bestimmungen des Anhangs IV die technischen Unterlagen, mit denen nachgewiesen wird, dass das Gerät die grundlegenden Anforderungen dieser Richtlinie erfüllt. | 3. Technische Unterlagen<br><br>Der Hersteller erstellt die technischen Unterlagen. Anhand dieser Unterlagen muss es möglich sein, die Übereinstimmung des Geräts mit den betreffenden Anforderungen zu bewerten; sie müssen eine geeignete Risikoanalyse und -bewertung enthalten. | *1. Halbsatz ist inhaltlich nahezu identisch. Bezüglich der Risikoanalyse und -bewertung kann davon ausgegangen werden, dass eine ordnungsgemäße Risikobeurteilung nach Maßgabe der Maschinenrichtlinie 2006/42/EG sicherlich ausreicht.* |
| siehe Anhang IV Nummer 1 | In den technischen Unterlagen sind die anwendbaren Anforderungen aufzuführen und der Entwurf, die Herstellung und der Betrieb des Geräts zu erfassen, soweit sie für die Bewertung von Belang sind. Die technischen Unterlagen enthalten soweit zutreffend zumindest folgende Elemente:<br><br>a) eine allgemeine Beschreibung des Geräts;<br><br>b) Entwürfe, Fertigungszeichnungen und -pläne von Bauteilen, Baugruppen, Schaltkreisen usw.;<br><br>c) Beschreibungen und Erläuterungen, die zum Verständnis dieser Zeichnungen und Pläne sowie der Funktionsweise des Geräts erforderlich sind;<br><br>d) eine Aufstellung, welche harmonisierten Normen, deren Fundstellen im Amtsblatt der Europäischen Union veröffentlicht wurden, vollständig oder in Teilen angewandt worden sind, und, wenn diese harmonisierten Normen nicht angewandt wurden, eine Beschreibung, mit welchen Lösungen den wesentlichen Anforderungen dieser Richtlinie entsprochen wurde, einschließlich einer Aufstellung, welche anderen einschlägigen technischen Spezifikationen angewandt worden sind. Im Fall von teilweise angewandten harmonisierten Normen werden die Teile, die angewandt wurden, in den technischen Unterlagen angegeben;<br><br>e) die Ergebnisse der Konstruktionsberechnungen, Prüfungen usw.;<br><br>f) die Prüfberichte. | *Während Anhang IV nur auf Konstruktion und Fertigung abzielte, verlangt Anhang II jetzt zusätzlich noch den Betrieb des Geräts. Im Übrigen werden die Anforderungen an den Inhalt der technischen Unterlagen präzisiert.* |

| Bisherige Richtlinie 2004/108/EG | Neue Richtlinie 2014/30/EU | Kommentierung |
|---|---|---|
| 8. Der Hersteller trifft alle erforderlichen Maßnahmen, damit die Produkte in Übereinstimmung mit den in Nummer 3 genannten technischen Unterlagen und mit den für sie geltenden Anforderungen dieser Richtlinie gefertigt werden. | 4. Herstellung<br><br>Der Hersteller trifft alle erforderlichen Maßnahmen, damit der Fertigungsprozess und seine Überwachung die Konformität der hergestellten Geräte mit den in Nummer 3 dieses Anhangs genannten technischen Unterlagen und mit den wesentlichen Anforderungen nach Anhang I Nummer 1 gewährleisten. | *weitgehend identisch* |
| 5. Die Übereinstimmung des Gerätes mit allen einschlägigen grundlegenden Anforderungen ist durch eine EG-Konformitätserklärung zu bescheinigen, die der Hersteller oder sein Bevollmächtigter in der Gemeinschaft ausstellt. | 5. CE-Kennzeichnung und EU-Konformitätserklärung<br><br>5.1. Der Hersteller bringt die CE-Kennzeichnung an jedem einzelnen Gerät an, das den geltenden Anforderungen dieser Richtlinie entspricht.<br><br>5.2. Der Hersteller stellt für einen Gerätetyp eine schriftliche EU-Konformitätserklärung aus und hält sie zusammen mit den technischen Unterlagen zehn Jahre lang nach dem Inverkehrbringen des Geräts für die nationalen Behörden bereit. Aus der EU-Konformitätserklärung muss hervorgehen, für welches Gerät sie ausgestellt wurde. Ein Exemplar der EU-Konformitätserklärung wird den zuständigen Behörden auf Verlangen zur Verfügung gestellt. | *Konkretisierung und Präzisierung der Konformitätserklärung und der CE-Kennzeichnung* |
| | 6. Bevollmächtigter<br><br>Die in Nummer 5 genannten Pflichten des Herstellers können von seinem Bevollmächtigten in seinem Auftrag und unter seiner Verantwortung erfüllt werden, falls sie im Auftrag festgelegt sind. | *neu* |
| ANHANG IV<br><br>TECHNISCHE UNTERLAGEN UND EG-KONFORMITÄTSERKLÄRUNG | | |
| 1. Technische Unterlagen<br><br>Anhand der technischen Unterlagen muss es möglich sein, die Übereinstimmung des Gerätes mit den grundlegenden Anforderungen dieser Richtlinie zu beurteilen. Sie müssen sich auf die Konstruktion und die Fertigung des Gerätes erstrecken und insbesondere Folgendes umfassen: | | |
| - eine allgemeine Beschreibung des Gerätes; | | |
| - einen Nachweis der Übereinstimmung des Gerätes mit etwaigen vollständig oder teilweise angewandten harmonisierten Normen; | | |

| Bisherige Richtlinie 2004/108/EG | Neue Richtlinie 2014/30/EU | Kommentierung |
|---|---|---|
| - falls der Hersteller harmonisierte Normen nicht oder nur teilweise angewandt hat, eine Beschreibung und Erläuterung der zur Erfüllung der grundlegenden Anforderungen dieser Richtlinie getroffenen Vorkehrungen einschließlich einer Beschreibung der nach Anhang II Nummer 1 vorgenommenen Bewertung der elektromagnetischen Verträglichkeit, der Ergebnisse der Entwurfsberechnungen, der durchgeführten Prüfungen, der Prüfberichte usw.; | | |
| - eine Erklärung der benannten Stelle, sofern das in Anhang III beschriebene Verfahren angewandt wurde. | | |
| ANHANG III<br><br>KONFORMITÄTSBEWERTUNGSVERFAHREN NACH ARTIKEL 7 | ANHANG III TEIL A<br><br>Modul B: EU-Baumusterprüfung | |
| 1. Dieses Verfahren besteht in der Anwendung des Anhangs II mit folgenden Ergänzungen: | 1. Bei der EU-Baumusterprüfung handelt es sich um den Teil eines Konformitätsbewertungsverfahrens, bei dem eine notifizierte Stelle den technischen Entwurf eines Geräts untersucht und prüft und bescheinigt, dass er die wesentlichen Anforderungen nach Anhang I Nummer 1 erfüllt. | *Das EU-Baumusterverfahren ist dem Verfahren nach Anhang III der Richtlinie (EG) Nr. 2004/108 ähnlich, allerdings ist es jetzt wesentlich stärker reglementiert.* |
| 2. Der Hersteller oder sein Bevollmächtigter in der Gemeinschaft legt die technischen Unterlagen der benannten Stelle gemäß Artikel 12 vor und ersucht die benannte Stelle um eine Bewertung der Unterlagen. Der Hersteller oder sein Bevollmächtigter in der Gemeinschaft teilen der benannten Stelle mit, welche Aspekte der grundlegenden Anforderungen von ihr zu bewerten sind. | 2. Eine EU-Baumusterprüfung erfolgt durch die Bewertung der Eignung des technischen Entwurfs des Geräts anhand einer Prüfung der in Nummer 3 genannten technischen Unterlagen, ohne Prüfung eines Musters (Entwurfsmuster). Sie kann sich auf einige Aspekte der wesentlichen Anforderungen beschränken, die vom Hersteller oder seinem Bevollmächtigten anzugeben sind. | *weitgehend identisch* |
| | 3. Der Antrag auf EU-Baumusterprüfung ist vom Hersteller bei einer einzigen notifizierten Stelle seiner Wahl einzureichen. Der Antrag enthält Angaben zu den Aspekten der wesentlichen Anforderungen, für die eine Prüfung beantragt wird, sowie Folgendes:<br><br>a) Name und Anschrift des Herstellers und, wenn der Antrag vom Bevollmächtigten eingereicht wird, auch dessen Name und Anschrift;<br><br>b) eine schriftliche Erklärung, dass derselbe Antrag bei keiner anderen notifizierten Stelle eingereicht worden ist; | *neu* |

| Bisherige Richtlinie 2004/108/EG | Neue Richtlinie 2014/30/EU | Kommentierung |
|---|---|---|
|  | c) die technischen Unterlagen. Anhand dieser Unterlagen muss es möglich sein, die Übereinstimmung des Geräts mit den anwendbaren Anforderungen dieser Richtlinie zu bewerten; sie müssen eine geeignete Risikoanalyse und -bewertung enthalten. In den technischen Unterlagen sind die anwendbaren Anforderungen aufzuführen und der Entwurf, die Herstellung und der Betrieb des Geräts zu erfassen, soweit sie für die Bewertung von Belang sind. Die technischen Unterlagen enthalten gegebenenfalls zumindest folgende Elemente:<br><br>i) eine allgemeine Beschreibung des Geräts;<br><br>ii) Entwürfe, Fertigungszeichnungen und -pläne von Bauteilen, Baugruppen, Schaltkreisen usw.;<br><br>iii) Beschreibungen und Erläuterungen, die zum Verständnis dieser Zeichnungen und Pläne sowie der Funktionsweise des Geräts erforderlich sind;<br><br>iv) eine Aufstellung, welche harmonisierten Normen, deren Fundstellen im Amtsblatt der Europäischen Union veröffentlicht wurden, vollständig oder in Teilen angewandt worden sind, und, wenn diese harmonisierten Normen nicht angewandt wurden, eine Beschreibung, mit welchen Lösungen den wesentlichen Anforderungen dieser Richtlinie entsprochen wurde, einschließlich einer Aufstellung, welche anderen einschlägigen technischen Spezifikationen angewandt worden sind. Im Fall von teilweise angewandten harmonisierten Normen werden die Teile, die angewandt wurden, in den technischen Unterlagen angegeben;<br><br>v) die Ergebnisse der Konstruktionsberechnungen, Prüfungen usw.;<br><br>vi) die Prüfberichte. |  |
| 3. Die benannte Stelle prüft die technischen Unterlagen und bewertet, ob in diesen Unterlagen in angemessener Weise nachgewiesen wird, dass die Anforderungen der Richtlinie, die von ihr bewertet werden sollen, eingehalten wurden. | 4. Die notifizierte Stelle prüft die technischen Unterlagen, um zu bewerten, ob der technische Entwurf des Geräts hinsichtlich der Aspekte der wesentlichen Anforderungen, für die eine Prüfung beantragt wird, angemessen ist. | *nahezu identisch* |
|  | 5. Die notifizierte Stelle erstellt einen Prüfungsbericht über die gemäß Nummer 4 durchgeführten Aktivitäten und die dabei erzielten Ergebnisse. Unbeschadet ihrer Pflichten gegenüber den notifizierenden Behörden veröffentlicht die notifizierte Stelle den Inhalt dieses Berichts oder Teile davon nur mit Zustimmung des Herstellers. | *neu* |

| Bisherige Richtlinie 2004/108/EG | Neue Richtlinie 2014/30/EU | Kommentierung |
|---|---|---|
| 3.<br><br>…<br><br>Ist die Übereinstimmung des Geräts mit den Anforderungen bestätigt, so erstellt die benannte Stelle eine Erklärung für den Hersteller oder seinen Bevollmächtigten in der Gemeinschaft, in der die Übereinstimmung des Geräts mit den Anforderungen bestätigt wird. Diese Erklärung beschränkt sich auf diejenigen Aspekte der grundlegenden Anforderungen, die von der benannten Stelle bewertet wurden. | 6. Entspricht das Baumuster den auf das betreffende Gerät anwendbaren Anforderungen dieser Richtlinie, stellt die notifizierte Stelle dem Hersteller eine EU-Baumusterprüfbescheinigung aus. Diese Bescheinigung enthält den Namen und die Anschrift des Herstellers, die Ergebnisse der Prüfung, die Aspekte der wesentlichen Anforderungen, auf die sich die Prüfung bezieht, etwaige Bedingungen für ihre Gültigkeit und die für die Identifizierung des zugelassenen Baumusters erforderlichen Angaben. Der EU-Baumusterprüfbescheinigung können einer oder mehrere Anhänge beigefügt werden. Die EU-Baumusterprüfbescheinigung und ihre Anhänge enthalten alle zweckdienlichen Angaben, anhand derer sich die Übereinstimmung der hergestellten Geräte mit dem geprüften Baumuster beurteilen und gegebenenfalls eine Kontrolle nach ihrer Inbetriebnahme durchführen lässt. Entspricht das Baumuster nicht den anwendbaren Anforderungen dieser Richtlinie, verweigert die notifizierte Stelle die Ausstellung einer EU-Baumusterprüfbescheinigung und unterrichtet den Antragsteller darüber, wobei sie ihre Weigerung ausführlich begründet. | *Konkretisierung und Anforderungen an die Prüfbescheinigung* |
|  | 7. Die notifizierte Stelle informiert sich laufend über alle Änderungen des allgemein anerkannten Stands der Technik, die darauf hindeuten, dass das zugelassene Baumuster nicht mehr den anwendbaren Anforderungen dieser Richtlinie entspricht, und entscheidet, ob derartige Änderungen weitere Untersuchungen nötig machen. Ist dies der Fall, so setzt die notifizierte Stelle den Hersteller davon in Kenntnis. Der Hersteller unterrichtet die notifizierte Stelle, der die technischen Unterlagen zur EU-Baumusterprüfbescheinigung vorliegen, über alle Änderungen an dem zugelassenen Baumuster, die die Übereinstimmung des Geräts mit den wesentlichen Anforderungen dieser Richtlinie oder den Bedingungen für die Gültigkeit dieser Bescheinigung beeinträchtigen können. Derartige Änderungen erfordern eine Zusatzgenehmigung in Form einer Ergänzung der ursprünglichen EU-Baumusterprüfbescheinigung. | *neu* |

| Bisherige Richtlinie 2004/108/EG | Neue Richtlinie 2014/30/EU | Kommentierung |
|---|---|---|
| | 8. Jede notifizierte Stelle unterrichtet ihre notifizierende Behörde über die EU-Baumusterprüfbescheinigungen und/oder etwaige Ergänzungen dazu, die sie ausgestellt oder zurückgenommen hat, und übermittelt ihrer notifizierenden Behörde in regelmäßigen Abständen oder auf Verlangen eine Aufstellung aller Bescheinigungen und/oder Ergänzungen dazu, die sie verweigert, ausgesetzt oder auf andere Art eingeschränkt hat. Jede notifizierte Stelle unterrichtet die übrigen notifizierten Stellen über die EU-Baumusterprüfbescheinigungen und/oder etwaige Ergänzungen dazu, die sie verweigert, zurückgenommen, ausgesetzt oder auf andere Weise eingeschränkt hat, und teilt ihnen, wenn sie dazu aufgefordert wird, alle derartigen von ihr ausgestellten Bescheinigungen und/oder Ergänzungen dazu mit. Wenn sie dies verlangen, erhalten die Kommission, die Mitgliedstaaten und die anderen notifizierten Stellen eine Abschrift der EU-Baumusterprüfbescheinigungen und/oder ihrer Ergänzungen. Die Kommission und die Mitgliedstaaten erhalten auf Verlangen eine Abschrift der technischen Unterlagen und der Ergebnisse der durch die notifizierte Stelle vorgenommenen Prüfungen. Die notifizierte Stelle bewahrt ein Exemplar der EU-Baumusterprüfbescheinigung samt Anhängen und Ergänzungen sowie des technischen Dossiers einschließlich der vom Hersteller eingereichten Unterlagen so lange auf, bis die Gültigkeitsdauer dieser Bescheinigung endet. | *neu* |
| 4. Der Hersteller fügt die Erklärung der benannten Stelle den technischen Unterlagen hinzu. | 9. Der Hersteller hält ein Exemplar der EU-Baumusterprüfbescheinigung samt Anhängen und Ergänzungen zusammen mit den technischen Unterlagen zehn Jahre lang nach dem Inverkehrbringen des Geräts für die nationalen Behörden bereit. | *Aufbewahrungsfrist beträgt mindestens zehn Jahre* |
| | 10. Der Bevollmächtigte des Herstellers kann den in Nummer 3 genannten Antrag einreichen und die in den Nummern 7 und 9 genannten Pflichten erfüllen, falls sie im Auftrag festgelegt sind. | *neu* |

| Bisherige Richtlinie 2004/108/EG | Neue Richtlinie 2014/30/EU | Kommentierung |
|---|---|---|
| | **TEIL B**<br><br>**Modul C: Konformität mit der Bauart auf der Grundlage einer internen Fertigungskontrolle** | |
| | 1. Bei der Konformität mit der Bauart auf der Grundlage einer internen Fertigungskontrolle handelt es sich um den Teil eines Konformitätsbewertungsverfahrens, bei dem der Hersteller die in den Nummern 2 und 3 genannten Pflichten erfüllt sowie gewährleistet und auf eigene Verantwortung erklärt, dass die betreffenden Geräte der in der EU-Baumusterprüfbescheinigung beschriebenen Bauart entsprechen und den auf sie anwendbaren Anforderungen dieser Richtlinie genügen. | neu |
| | 2. Herstellung<br><br>Der Hersteller trifft alle erforderlichen Maßnahmen, damit der Fertigungsprozess und seine Überwachung die Übereinstimmung der hergestellten Geräte mit der in der EU-Baumusterprüfbescheinigung beschriebenen zugelassenen Bauart und mit den auf sie anwendbaren Anforderungen dieser Richtlinie gewährleisten. | neu |
| | 3. CE-Kennzeichnung und EU-Konformitätserklärung<br><br>3.1. Der Hersteller bringt die CE-Kennzeichnung an jedem einzelnen Gerät an, das mit der in der EU-Baumusterprüfbescheinigung beschriebenen Bauart übereinstimmt und die anwendbaren Anforderungen dieser Richtlinie erfüllt. | neu |
| | 3.2. Der Hersteller stellt für jeden Gerätetyp eine schriftliche EU-Konformitätserklärung aus und hält sie zehn Jahre lang nach dem Inverkehrbringen des Geräts für die nationalen Behörden bereit. Aus der EU-Konformitätserklärung muss hervorgehen, für welchen Gerätetyp sie ausgestellt wurde. Ein Exemplar der EU-Konformitätserklärung wird den zuständigen Behörden auf Verlangen zur Verfügung gestellt. | neu |
| | 4. Bevollmächtigter<br><br>Die in Nummer 3 genannten Pflichten des Herstellers können von seinem Bevollmächtigten in seinem Auftrag und unter seiner Verantwortung erfüllt werden, falls sie im Auftrag festgelegt sind. | neu |

Auf eine synoptische Gegenüberstellung der Anhänge IV bis VII wurde verzichtet, da sie mit Ausnahme von Anhang IV (Inhalt siehe in Artikel 15) rein rechtstechnischer Natur ist.

# 4 Die neue EMV-Richtlinie aus Sicht der Normungsorganisationen – Interview mit Klaus-Peter Bretz (VDE)

**Klaus-Peter Bretz**
DKE Deutsche Kommission Elektrotechnik
Elektronik Informationstechnik im DIN und VDE
Referat 767

**Frage:** Im Zuge des Alignment Package wurde Ende März die EMV-Richtlinie neu gefasst. Die Richtlinie muss bis April 2016 ins deutsche Recht umgesetzt werden. Können Sie als Normungsorganisation mit dem Richtlinienwerk zufrieden sein?

**Bretz:** Die EMV-Normung hat den Prozess der Revision der vorhergehenden Richtlinie 2004/108/EG aktiv begleitet. Als Resultat ergaben sich keine gravierenden Bedenken gegen die vorgesehenen Festlegungen in der neuen Direktive. Als positiv sollte erwähnt werden, dass das sogenannte New Legislative Framework (NLF), an das die neue EMV-Richtlinie wie auch andere Direktiven angepasst wurden, für Hersteller, die mehrere Richtlinien berücksichtigen müssen, zu einer Vereinfachung führt.

Speziell begrüßen VDE/DKE, dass weiterhin die Möglichkeit besteht, durch Anwendung entsprechender harmonisierter europäischer EMV-Normen für ein Produkt die Vermutungswirkung zu erlangen, dass es mit den wesentlichen Anforderungen der Richtlinie im Einklang ist. Hierbei repräsentieren Normen den Stand der Technik und die Applikation von Normen entlastet Behörden bei ihrer Arbeit.

**Frage:** Welche Auswirkungen werden die Neuregelungen auf die Normung bzw. Hersteller, Händler und Inverkehrbringer haben?

**Bretz:** Die neue EMV-Richtlinie definiert die natürlichen oder juristischen Personen – Hersteller bzw. von ihnen Bevollmächtigte, Importeure, Distributoren –, die an der Herstellung und Inverkehrbringung von Produkten beteiligt sind. Dies trägt daher zur Klarheit bei. Die in der Richtlinie formulierten Kriterien für die Arbeit der benannten Stellen wurden weiterentwickelt, um zum Erreichen einer möglichst einheitlichen und kompetenten Beurteilungspraxis beizutragen. Dies stellt aus Sicht von VDE/DKE einen Beitrag für einen fairen Wettbewerb im Bereich der benannten Stellen dar.

Dies gilt auch für den in der neuen Richtlinie formulierten Anspruch, auf der einen Seite die Marktüberwachung effizienter zu gestalten, auf der anderen Seite aber auch früher einzugreifen, um Produkte, die eine wesentliche Anforderung verletzen könnten, möglichst frühzeitig zu identifizieren und somit einem möglichen EMV-Risiko vorzubeugen. Die Neuregelungen dürften daher den Herstellern nützen.

**Frage:** Welche Punkte sehen Sie aus VDE-Sicht kritisch?

**Bretz:** Aus Sicht der Normung ergeben sich aus der neuen EMV-Richtlinie keine kritischen Punkte.

**Frage:** Was können sie den Herstellern und Händlern empfehlen?

**Bretz:** Die Hersteller bzw. ihre Bevollmächtigten, Importeure und Händler werden nicht umhin kommen, die Richtlinie aufmerksam zu lesen, da sie erheblich umstrukturiert wurde. Hierbei ist die im Anhang VI enthaltene Korrelationstabelle hilfreich.

**Frage:** Bestandteil der Richtlinie bezüglich der technischen Unterlagen ist eine Risikoanalyse bzw. -beurteilung, ohne dass diese genauer definiert wird. Welche Vorgehensweise halten Sie für richtig?

**Bretz:** Einzelheiten des Verfahrens der Risikoanalyse sind Gegenstand von nachgeordneten Dokumenten. Im Bereich der Normung werden seit Langem Verfahren der Risikoanalyse beschrieben und weiterentwickelt.

**Frage:** Rechnen Sie in Zukunft noch mit weiteren Maßnahmen der Kommission bezüglich der EMV?

**Bretz:** Zurzeit sehen wir keinen Handlungsbedarf für weitere Maßnahmen. Wir erwarten eher eine Erweiterung der Festlegungen gegenüber dem bisherigen Stand aufgrund von neuen technologischen Systemen und deren Auswirkungen auf die elektromagnetische Umgebung bzw. Störempfindlichkeiten gegenüber elektromagnetischen Störgrößen.

# 5 Die neue Niederspannungsrichtlinie 2014/35/EU

Die aktuell (noch) geltende Niederspannungsrichtlinie 2006/95/EG (Low Voltage Directive – LVD) ist eine der ältesten Binnenmarktrichtlinien der EU, die vor dem „neuen Ansatz" (New Approach) verabschiedet wurden. Sie soll sicherstellen, dass elektrische Geräte (Betriebsmittel) innerhalb bestimmter Spannungsgrenzen den europäischen Bürgern einerseits einen hohen Gesundheitsschutz bieten, auf der anderen Seite aber auch vom europäischen Binnenmarkt profitieren können (Stichwort Freier Warenverkehr).

Für die meisten elektrischen Geräte fallen die Gesundheitsaspekte der Emissionen von elektromagnetischen Feldern auch unter die Niederspannungsrichtlinie. Von der Richtlinie werden Elektrogeräte mit einer Spannung zwischen 50 und 1.000 V für Wechselstrom und zwischen 75 und 1.500 V für Gleichstrom erfasst.

> **Aufpassen**
>
> Diese Nennspannungen beziehen sich auf die Eingangs- oder Ausgangsspannung und nicht auf die Spannung, die innerhalb der Geräte auftreten kann.

Die Richtlinie fordert die Mitgliedstaaten auf, alle zweckdienlichen Maßnahmen zu treffen, damit die elektrischen Geräte nur dann in den Verkehr gebracht werden können, wenn sie – entsprechend dem europäischen Stand der Sicherheitstechnik – so hergestellt sind, dass sie bei einer ordnungsgemäßen Installation und Wartung bzw. bestimmungsgemäßen Verwendung die Sicherheit von Menschen und Nutztieren sowie die Erhaltung von Sachwerten nicht gefährden.

## Die europäische Entwicklung

Die erste LVD wurde als Richtlinie 73/23/EWG bereits am 19. Februar 1973 verabschiedet. Sie wurde durch die Richtlinie 93/68/EWG nachträglich zu einer Richtlinie der neuen Konzeption erhoben. Danach müssen seit Jahresbeginn 1997 elektrische Betriebsmittel, die unter die Richtlinie fallen, mit einer CE-Kennzeichnung versehen werden.

2006 wurde die Niederspannungsrichtlinie wiederum neu gefasst, sie gilt unter der Bezeichnung 2006/95/EG seit dem 16.01.2007. Es handelt sich dabei rechtstechnisch um eine sogenannte „Kodifizierung", mit der die beiden Richtlinien 73/23/EWG und die CE-Änderungsrichtlinie 93/68/EWG zu einem Dokument zusammengefasst wurden. Eine größere inhaltliche Veränderung war damit im Grunde nicht verbunden.

Konkret wird der Anwendungsbereich der Niederspannungsrichtlinie in Artikel 1 definiert. Danach gelten als elektrische Betriebsmittel diejenigen Geräte, die zur Verwendung bei einer Nennspannung zwischen 50 und 1.000 V für Wechselstrom und zwischen 75 und 1.500 V für Gleichstrom mit Ausnahme der Betriebsmittel und Bereiche, die in Anhang II aufgeführt sind. Somit sind die nachfolgenden Betriebsmittel ausgenommen:

- elektrische Betriebsmittel zur Verwendung in explosibler Atmosphäre
- elektro-radiologische und elektro-medizinische Betriebsmittel

*Der Anwendungsbereich der Richtlinie 2006/95/EG*

- elektrische Teile von Personen- und Lastenaufzügen
- Elektrizitätszähler
- Haushaltssteckvorrichtungen
- Vorrichtungen zur Stromversorgung von elektrischen Weidezäunen
- Funkentstörung
- Spezielle elektrische Betriebsmittel, die zur Verwendung auf Schiffen, in Flugzeugen oder in Eisenbahnen bestimmt sind und den Sicherheitsvorschriften internationaler Einrichtungen entsprechen, denen die Mitgliedstaaten angehören.

> **Wichtiger Hinweis**
>
> Aus Anhang II wird deutlich, dass auf diesen Geräten keine CE-Kennzeichnung angebracht werden darf!

*Die „Bauteilproblematik"*

Immer wieder fragen sich Hersteller, ob die Niederspannungsrichtlinie auch für Bauteile gilt. Laut Leitfaden der Kommission zur Niederspannungsrichtlinie vom August 2007 (http://bit.ly/1keKKgi) fallen in den Geltungsbereich der Richtlinie 2006/95/EG einerseits elektrische Betriebsmittel, die zum Einbau in andere Geräte bestimmt sind, andererseits aber auch solche, die ohne vorherigen Einbau direkt verwendet werden.

Bei einigen Arten elektrischer Betriebsmittel, die so ausgelegt und hergestellt werden, dass sie als Grundbauteile in andere elektrische Geräte eingebaut werden können, hängt die Sicherheit jedoch weitgehend davon ab, wie die Bauteile in das Endprodukt eingebaut sind und welche Gesamtmerkmale das Endprodukt hat. Zu diesen Grundbauteilen gehören Bauelemente der Elektronik und bestimmte andere Bauteile – beispielsweise

- **aktive Bauteile** wie integrierte Schaltkreise, Transistoren, Dioden, Gleichrichter, Triacs, GTO, IGTB und optische Halbleiter,
- **passive Bauteile** wie Kondensatoren, Induktionsspulen, Widerstände und Filter und
- **elektromechanische Bauteile** wie Verbindungselemente, Vorrichtungen zum mechanischen Schutz, die Teil der Geräte sind, Relais mit Anschlüssen für Leiterplatten und Mikroschalter.

Aus den Zielen der Niederspannungsrichtlinie folge laut Leitfaden, dass diese nicht für Grundbauteile gelten soll, deren Sicherheit überwiegend nur im eingebauten Zustand richtig bewertet werden kann und für die eine Risikobewertung nicht vorgenommen werden kann. Auch die CE-Kennzeichnung darf auf diesen Bauteilen nicht angebracht werden, es sei denn, sie fallen unter andere gemeinschaftliche Rechtsakte, in denen die CE-Kennzeichnung vorgeschrieben ist.

Für andere elektrische Betriebsmittel, die dazu bestimmt sind, in andere elektrische Geräte eingebaut zu werden und bei denen eine Sicherheitsbewertung durchaus vorgenommen werden kann (beispielsweise Transformatoren und Elektromotoren) gilt die Richtlinie – an ihnen muss die CE-Kennzeichnung angebracht werden.

## Aufpassen

Der Ausschluss von Grundbauteilen aus dem Geltungsbereich der Richtlinie darf übrigens nicht auf Betriebsmittel wie Lampen, Starter, Sicherungen, Schalter für den Hausgebrauch, Bestandteile elektrischer Installationen usw. ausgedehnt werden.

Auch wenn diese häufig in Verbindung mit anderen elektrischen Betriebsmitteln verwendet werden und ordnungsgemäß installiert sein müssen, um ihre normale Funktion zu erfüllen, sind sie gemäß des Leitfadens selbst als elektrische Betriebsmittel im Sinne der Richtlinie zu betrachten.

Können nicht alle Anforderungen des Anhangs I der Richtlinie 2006/95/EG erfüllt werden, da z.B. bestimmte Sicherheitsmaßnahmen erst beim Einbau vom Endgerätehersteller vorgesehen werden (Überhitzungsschutzeinrichtungen, Blockierschutz, IP-Schutz usw.), ist laut Michael Loerzer (EMV und Niederspannungsrichtlinie, Beuth Verlag)) dennoch eine Konformitätsvermutung möglich.

*Eingeschränkte Konformitätsvermutung*

Auf diese eingeschränkte Konformitätsvermutung sei in der technischen Dokumentation sowie sinnvollerweise auch in der Konformitätserklärung hinzuweisen. Desgleichen müssten dem Verwender der Komponente entsprechende Einbauhinweise gegeben werden.

## Nationale Umsetzung

In Deutschland erfolgte die Umsetzung der Niederspannungsrichtlinie seit 1979 als „Erste Verordnung zum Geräte- und Produktsicherheitsgesetz – 1. GPSGV (Verordnung über das Inverkehrbringen elektrischer Betriebsmittel zur Verwendung innerhalb bestimmter Spannungsgrenzen)". Der Titel der Verordnung wurde mehrfach geändert, seit 2011 lautet die amtliche Bezeichnung „Erste Verordnung zum Produktsicherheitsgesetz (Verordnung über die Bereitstellung elektrischer Betriebsmittel zur Verwendung innerhalb bestimmter Spannungsgrenzen auf dem Markt) (1. ProdSV)".

## Tipp

Die aktuelle Version der 1. ProdSV haben wir Ihnen im Anhang angedruckt.

Nach Ansicht mancher Experten (Loerzer et. al.) wäre bei der Umsetzung der Richtlinie 2006/95/EG eigentlich keine Änderung der 1. GPSGV erforderlich gewesen. Es habe aber gegenüber der Ursprungsrichtlinie – also der Richtlinie 73/23/EWG – in manchen Fällen leichte sprachliche Unterschiede gegeben, die durch eine Angleichung an den ursprünglich französischen Text bereinigt wurden.

Für die deutsche Fassung wurde klargestellt, dass die CE-Kennzeichnung grundsätzlich auf dem Produkt anzubringen ist – die Kennzeichnung mittels Verpackung oder Begleitpapiere dürfe nur infrage kommen, wenn die Produktanbringung nicht möglich ist. Diese Klarstellung war auch schon im EU-Leitfaden zur Niederspannungsrichtlinie vom August 2007 (siehe oben) enthalten, der Leitfaden ist allerdings rechtlich nicht zwingend, er dient lediglich als Auslegungshilfe.

## Die Richtlinie 2014/35/EU

Da an der Niederspannungsrichtlinie 2006/95/EG eine ganze Reihe an Änderungen vorgenommen werden musste, um sie an die Regeln des New Legislative Framework (NLF) des Beschlusses 768/2008/EG anzupassen, haben Europäisches Parlament und Europäischer Rat die Veröffentlichung einer Neufassung beschlossen.

Wie die neue EMV-Richtlinie wurde auch die neue Niederspannungsrichtlinie 2014/35/EU „zur Harmonisierung der Rechtsvorschriften der Mitgliedstaaten über die Bereitstellung elektrischer Betriebsmittel zur Verwendung innerhalb bestimmter Spannungsgrenzen auf dem Markt" im Amtsblatt der Europäischen Union am 29.03.2014 veröffentlicht. Aus Gründen der „Klarheit" wurde auch hier eine Neufassung für unumgänglich gehalten. Die Richtlinie enthält 29 Artikel, die in fünf Kapitel gegliedert sind.

Logischerweise folgt die Richtlinie 2014/35/EU denselben Grundgedanken und Intentionen wie die EMV-Richtlinie 2014/30/EU, daher kann teilweise auf die Ausführungen im Kapitel 2 „Elektromagnetische Verträglichkeit (EMV) – Nationale und europäische Rechtsgrundlagen" verwiesen werden.

> **Wichtiger Hinweis**
>
> Im Gegensatz zu den in den Jahren 2002 bis 2005 geführten Diskussionen wurden die unteren Spannungsgrenzen durch die Richtlinie nicht auf null herabgesetzt – der Aufwand bei einer Umstellung sei laut Auffassung der Kommission unangemessen. Es bleibt also bei den bisherigen Werten, obwohl viele Normen eine Null-Volt-Grenze im Anwendungsbereich vorsehen. Eine Entscheidung, die meines Erachtens nur begrüßt werden kann.

*Die wichtigsten Änderungen*

Die wichtigsten Änderungen der Richtlinie 2014/35/EU betreffen Folgendes:

- In Kapitel 2 werden die Anforderungen an die Wirtschaftsakteure (also Hersteller, Bevollmächtigte, Importeure und Händler) präzisiert und bezüglich der Rückverfolgbarkeit werden für alle Akteure **verschärfte Regelungen** eingeführt (elektrische Betriebsmittel müssen u.a. neben Namen und Anschrift des Herstellers auch eine Typen-, Chargen- oder Seriennummer tragen, damit sie den technischen Unterlagen zugeordnet werden können). Beim Import müssen künftig auch Name und Anschrift des Importeurs genannt werden.

- Außerdem wurden die **Anforderungen an das Konformitätsbewertungsverfahren präzisiert**. Generell können harmonisierte Normen, die im Amtsblatt veröffentlicht wurden, herangezogen werden, ersatzweise dürfen Sicherheitsanforderungen der IEC-Normen genutzt werden. Sind letztere nicht verfügbar, können geeignete nationale Normen verwendet werden.

- Die Sicherheitsziele der Richtlinie werden neben Nutztieren auch **auf Haustiere ausgeweitet** (siehe Anhang I).

- Die technischen Unterlagen müssen laut Anhang III **zwingend eine geeignete Risikoanalyse und -bewertung** enthalten.

Die neue Niederspannungsrichtlinie muss bis zum 20. April 2016 in das nationale Recht transformiert werden. Hier dürfte der Weg sicherlich wieder über eine Neufassung der 1. ProdSV gehen. Bis dahin dürfen elektrische Betriebsmittel in Verkehr gebracht werden, die noch mit der Richtlinie 2006/95/EG konform sind.

## Mittel- und langfristig – Empfehlungen an Hersteller, Importeure und Händler

Selbstverständlich sollten sich Wirtschaftakteure frühzeitig auf die neuen Regeln einstellen – auch wenn bis zum Inkrafttreten 2016 noch einige Zeit vergeht.

In erster Linie sollten Hersteller frühzeitig die Richtlinie 2014/35/EU im Detail auf Relevanz für eigene Produkte oder Prozesse analysieren. Hier kann sich nämlich durchaus Gelegenheit bieten, bisher etablierte Prozesse auf Vollständigkeit zu überprüfen. Ebenso sollten sie eine Anpassung der betroffenen Konformitätserklärungen und weiteren Dokumentationen vorbereiten.

*Hersteller*

Importeure sollten (unabhängig von der neuen Richtlinie) grundsätzlich darauf achten, dass eine Anbringung ihres Namens und ihrer Anschrift auf dem Produkt erfolgt – dies ist nämlich schon jetzt oft Anlass für vertiefte Prüfungen der Marktüberwachung gewesen.

*Importeure*

Händlern ist zu empfehlen, dass sie ein sinnvolles Verfahren zur (Stichproben-)Kontrolle der Erfüllung der Kennzeichnungspflichten implementieren – soweit ein solches Verfahren noch nicht etabliert wurde. An die Händler werden allerdings – im Vergleich zu Herstellern und Importeuren – deutlich geringere Anforderungen bezüglich der Kontrollpflichten gestellt.

*Händler*

# Synoptische Kommentierung der neuen Niederspannungsrichtlinie

| Bisherige Richtlinie 2006/95/EG | Neue Richtlinie 2014/35/EU | Kommentierung |
|---|---|---|
| Artikel 1 | Artikel 1 Gegenstand und Geltungsbereich | |
| Als elektrische Betriebsmittel im Sinne dieser Richtlinie gelten elektrische Betriebsmittel zur Verwendung bei einer Nennspannung zwischen 50 und 1.000 V für Wechselstrom und zwischen 75 und 1.500 V für Gleichstrom mit Ausnahme der Betriebsmittel und Bereiche, die in Anhang II aufgeführt sind. | Zweck dieser Richtlinie ist es, sicherzustellen, dass auf dem Markt befindliche elektrische Betriebsmittel den Anforderungen entsprechen, die ein hohes Schutzniveau in Bezug auf die Gesundheit und Sicherheit von Menschen und Haus- und Nutztieren sowie in Bezug auf Güter gewährleisten und gleichzeitig das Funktionieren des Binnenmarkts garantieren. | *Die neue Richtlinie definiert erstmals den Zweck – d.h. die juristische Auslegung muss sich immer auf den Schutzgrund beziehen, aber gleichzeitig auch das Funktionieren des Binnenmarkts miteinbeziehen (Abwägungsprobleme sind hier vorprogrammiert!).* |
| | Diese Richtlinie gilt für elektrische Betriebsmittel zur Verwendung bei einer Nennspannung zwischen 50 und 1.000 V für Wechselstrom und zwischen 75 und 1.500 V für Gleichstrom mit Ausnahme der Betriebsmittel und Bereiche, die in Anhang II aufgeführt sind. | *identisch* |
| | **Artikel 2 Begriffsbestimmungen** | |
| | Für die Zwecke dieser Richtlinie gelten die folgenden Begriffsbestimmungen: | |
| | 1. „Bereitstellung auf dem Markt": jede entgeltliche oder unentgeltliche Abgabe eines elektrischen Betriebsmittels zum Vertrieb, Verbrauch oder zur Verwendung auf dem Unionsmarkt im Rahmen einer Geschäftstätigkeit; | *wichtige neue Definition, die für die Anwendung und Auslegung der Richtlinie 2014/35/EU zwingend gilt* |
| | 2. „Inverkehrbringen": die erstmalige Bereitstellung eines elektrischen Betriebsmittels auf dem Unionsmarkt; | *wichtige neue Definition, die für die Anwendung und Auslegung der Richtlinie 2014/35/EU zwingend gilt* |
| | 3. „Hersteller": jede natürliche oder juristische Person, die ein elektrisches Betriebsmittel herstellt bzw. entwickeln oder herstellen lässt und dieses elektrische Betriebsmittel unter ihrem eigenen Namen oder ihrer eigenen Handelsmarke vermarktet; | *wichtige neue Definition, die für die Anwendung und Auslegung der Richtlinie 2014/35/EU zwingend gilt* |
| | 4. „Bevollmächtigter" ist jede in der Union ansässige natürliche oder juristische Person, die von einem Hersteller schriftlich beauftragt wurde, in seinem Namen bestimmte Aufgaben wahrzunehmen; | *wichtige neue Definition, die für die Anwendung und Auslegung der Richtlinie 2014/35/EU zwingend gilt* |
| | 5. „Einführer": jede in der Union ansässige natürliche oder juristische Person, die ein elektrisches Betriebsmittel aus einem Drittstaat auf dem Unionsmarkt in Verkehr bringt; | *wichtige neue Definition, die für die Anwendung und Auslegung der Richtlinie 2014/35/EU zwingend gilt* |

| Bisherige Richtlinie 2006/95/EG | Neue Richtlinie 2014/35/EU | Kommentierung |
|---|---|---|
| | 6. „Händler": jede natürliche oder juristische Person in der Lieferkette, die ein elektrisches Betriebsmittel auf dem Markt bereitstellt, mit Ausnahme des Herstellers oder des Einführers; | *wichtige neue Definition, die für die Anwendung und Auslegung der Richtlinie 2014/35/EU zwingend gilt* |
| | 7. „Wirtschaftsakteure": der Hersteller, der Bevollmächtigte, der Einführer und der Händler; | *wichtige neue Definition, die für die Anwendung und Auslegung der Richtlinie 2014/35/EU zwingend gilt* |
| | 8. „technische Spezifikation": ein Dokument, in dem die technischen Anforderungen vorgeschrieben sind, denen ein elektrisches Betriebsmittel genügen muss; | *wichtige neue Definition, die für die Anwendung und Auslegung der Richtlinie 2014/35/EU zwingend gilt* |
| | 9. „harmonisierte Norm": eine harmonisierte Norm gemäß der Definition in Artikel 2 Absatz 1 Buchstabe c der Verordnung (EU) Nr. 1025/2012; | *wichtige neue Definition, die für die Anwendung und Auslegung der Richtlinie 2014/35/EU zwingend gilt* |
| | 10. „Konformitätsbewertung": das Verfahren zur Bewertung, ob bei einem elektrischen Betriebsmittel die Sicherheitsziele nach Artikel 3 und Anhang I erreicht worden sind; | *wichtige neue Definition, die für die Anwendung und Auslegung der Richtlinie 2014/35/EU zwingend gilt* |
| | 11. „Rückruf": jede Maßnahme, die auf Erwirkung der Rückgabe eines dem Endnutzer bereits bereitgestellten elektrischen Betriebsmittels abzielt; | *wichtige neue Definition, die für die Anwendung und Auslegung der Richtlinie 2014/35/EU zwingend gilt* |
| | 12. „Rücknahme": jede Maßnahme, mit der verhindert werden soll, dass ein in der Lieferkette befindliches elektrisches Betriebsmittel auf dem Markt bereitgestellt wird; | *wichtige neue Definition, die für die Anwendung und Auslegung der Richtlinie 2014/35/EU zwingend gilt* |
| | 13. „Harmonisierungsrechtsvorschriften der Union": Rechtsvorschriften der Union zur Harmonisierung der Bedingungen für die Vermarktung von Produkten; | *wichtige neue Definition, die für die Anwendung und Auslegung der Richtlinie 2014/35/EU zwingend gilt* |
| | 14. „CE-Kennzeichnung": Kennzeichnung, durch die der Hersteller erklärt, dass das elektrische Betriebsmittel den geltenden Anforderungen genügt, die in den Harmonisierungsrechtsvorschriften der Union über ihre Anbringung festgelegt sind. | *wichtige neue Definition, die für die Anwendung und Auslegung der Richtlinie 2014/35/EU zwingend gilt* |

| Bisherige Richtlinie 2006/95/EG | Neue Richtlinie 2014/35/EU | Kommentierung |
|---|---|---|
| Artikel 2 | **Artikel 3 Bereitstellung auf dem Markt und Sicherheitsziele** | |
| 1. Die Mitgliedstaaten treffen alle zweckdienlichen Maßnahmen, damit die elektrischen Betriebsmittel nur dann in Verkehr gebracht werden können, wenn sie – entsprechend dem in der Gemeinschaft gegebenen Stand der Sicherheitstechnik – so hergestellt sind, dass sie bei einer ordnungsgemäßen Installation und Wartung sowie einer bestimmungsgemäßen Verwendung die Sicherheit von Menschen und Nutztieren sowie die Erhaltung von Sachwerten nicht gefährden. | Elektrische Betriebsmittel dürfen nur dann auf dem Unionsmarkt bereitgestellt werden, wenn sie – entsprechend dem in der Union geltenden Stand der Sicherheitstechnik – so hergestellt sind, dass sie bei einer ordnungsgemäßen Installation und Wartung sowie einer bestimmungsgemäßen Verwendung die Gesundheit und Sicherheit von Menschen und Haus- und Nutztieren sowie Güter nicht gefährden. | *Weitgehend identisch, Inverkehrbringen wurde definitionsgemäß durch „Bereitstellung auf dem Markt" (siehe Artikel 2 Nummer 2) ersetzt. Es wird künftig die menschliche und tierische Gesundheit als Schutzgut gleichrangig neben die Sicherheit gestellt; die Richtlinie bezieht sich jetzt nicht mehr nur ausschließlich auf Nutztiere, sondern eben auch auf Haustiere. Außerdem wurde der „Erhalt von Sachwerten" gegen die Sicherheit von „Gütern" getauscht.* |
| 2. Anhang I enthält eine Zusammenfassung der wichtigsten Angaben über die in Absatz 1 genannten Sicherheitsziele. | Anhang I enthält eine Zusammenfassung der wichtigsten Angaben über die Sicherheitsziele. | *identisch* |
| Artikel 3 | **Artikel 4 Freier Warenverkehr** | |
| Die Mitgliedstaaten treffen alle zweckdienlichen Maßnahmen, damit der freie Verkehr der elektrischen Betriebsmittel innerhalb der Gemeinschaft nicht aus Sicherheitsgründen behindert wird, wenn diese Betriebsmittel unter den Voraussetzungen der Artikel 5, 6, 7 oder 8 den Bestimmungen des Artikels 2 entsprechen. | Die Mitgliedstaaten dürfen in Bezug auf die unter diese Richtlinie fallenden Aspekte die Bereitstellung von elektrischen Betriebsmitteln auf dem Markt, die dieser Richtlinie entsprechen, nicht behindern. | *Verschärfung der Anforderungen an die Mitgliedstaaten, die Bereitstellung richtlinienkonformer elektrischer Betriebsmittel auf dem Markt grundsätzlich nicht zu behindern* |
| Artikel 4 | **Artikel 5 Stromversorgung** | |
| Die Mitgliedstaaten tragen dafür Sorge, dass die Elektrizitätsversorgungsunternehmen den Anschluss an das Netz und die Versorgung mit Elektrizität gegenüber den Elektrizitätsverbrauchern für die elektrischen Betriebsmittel nicht von höheren als den in Artikel 2 vorgesehenen Anforderungen in Bezug auf die Sicherheit abhängig machen. | Im Hinblick auf elektrische Betriebsmittel stellen die Mitgliedstaaten sicher, dass die Elektrizitätsversorgungsunternehmen den Anschluss an das Netz und die Versorgung von Nutzern elektrischer Betriebsmittel mit Elektrizität nicht von Sicherheitsanforderungen abhängig machen, die über die Sicherheitsziele nach Artikel 3 und Anhang I hinausgehen. | *unter Berücksichtigung der Ausweitung der Sicherheitsziele und den Änderungen des Artikels 3 weitgehend identisch* |
| | **Artikel 6 Pflichten der Hersteller** | |
| | (1) Die Hersteller stellen sicher, dass ihre elektrischen Betriebsmittel, die sie in Verkehr bringen, im Einklang mit den Sicherheitszielen nach Artikel 3 und Anhang I entworfen und hergestellt wurden. | *Klarstellung* |

| Bisherige Richtlinie 2006/95/EG | Neue Richtlinie 2014/35/EU | Kommentierung |
|---|---|---|
| | (2) Die Hersteller erstellen die technischen Unterlagen nach Anhang III und führen das Konformitätsbewertungsverfahren nach Anhang III durch oder lassen es durchführen. Wurde mit dem Konformitätsbewertungsverfahren nach Unterabsatz 1 nachgewiesen, dass ein elektrisches Betriebsmittel den Sicherheitszielen nach Artikel 3 und Anhang I entspricht, stellen die Hersteller eine EU-Konformitätserklärung aus und bringen die CE-Kennzeichnung an. | *Notwendige Klarstellung des Konformitätsbewertungsverfahrens und der CE-Kennzeichnung aufgrund der Verordnung (EG) Nr. 765/2008. Im Gegensatz zur Richtlinie 2006/95/EG werden die Vorgaben bezüglich der EU-Konformitätserklärung präzisiert.* |
| | (3) Die Hersteller bewahren die in Anhang III genannten technischen Unterlagen und die EU-Konformitätserklärung zehn Jahre ab dem Inverkehrbringen des elektrischen Betriebsmittels auf. | *Technische Unterlagen und Konformitätserklärung müssen mindestens für zehn Jahre aufbewahrt werden.* |
| | (4) Die Hersteller gewährleisten durch geeignete Verfahren, dass bei Serienfertigung stets Konformität mit dieser Richtlinie sichergestellt ist. Änderungen am Entwurf des Produkts oder an seinen Merkmalen sowie Änderungen der in Artikel 12 genannten harmonisierten Normen, der in den Artikeln 13 und 14 genannten internationalen oder nationalen Normen oder anderer technischer Spezifikationen, auf die bei Erklärung der Konformität eines elektrischen Betriebsmittels verwiesen wird, werden angemessen berücksichtigt. | *neu* |
| | Die Hersteller nehmen, falls dies angesichts der von einem elektrischen Betriebsmittel ausgehenden Risiken als angemessen betrachtet wird, zum Schutz der Gesundheit und der Sicherheit der Verbraucher Stichprobenprüfungen von auf dem Markt bereitgestellten elektrischen Betriebsmitteln vor, untersuchen die, und führen erforderlichenfalls ein Verzeichnis der, Beschwerden hinsichtlich nichtkonformer elektrischer Betriebsmittel und Rückrufe von elektrischen Betriebsmitteln und halten die Händler über diese Überwachung auf dem Laufenden. | *neue verschärfte und präzisierte Anforderungen an die Hersteller* |
| | (5) Die Hersteller gewährleisten, dass die von ihnen in Verkehr gebrachten elektrischen Betriebsmittel eine Typen-, Chargen- oder Seriennummer oder ein anderes Kennzeichen zu ihrer Identifikation tragen, oder, falls dies aufgrund der Größe oder Art des jeweiligen elektrischen Betriebsmittels nicht möglich ist, dass die erforderlichen Informationen auf der Verpackung oder in den dem elektrischen Betriebsmittel beigefügten Unterlagen angegeben werden. | *neue verschärfte und präzisierte Anforderungen an die Hersteller* |

Synoptische Kommentierung der neuen Niederspannungsrichtlinie | **Kapitel 6**

| Bisherige Richtlinie 2006/95/EG | Neue Richtlinie 2014/35/EU | Kommentierung |
|---|---|---|
| | (6) Die Hersteller geben ihren Namen, ihren eingetragenen Handelsnamen oder ihre eingetragene Handelsmarke und die Postanschrift, unter der sie erreicht werden können, auf dem elektrischen Betriebsmittel selbst oder, wenn dies nicht möglich ist, auf der Verpackung oder in den dem elektrischen Betriebsmittel beigefügten Unterlagen an. Die Anschrift bezieht sich auf eine zentrale Anlaufstelle, bei der der Hersteller erreicht werden kann. Die Kontaktdaten sind in einer Sprache anzugeben, die von den Endnutzern und den Marktüberwachungsbehörden leicht verstanden werden kann. | *neue verschärfte und präzisierte Anforderungen an die Hersteller* |
| | (7) Die Hersteller gewährleisten, dass dem elektrischen Betriebsmittel eine Betriebsanleitung und Sicherheitsinformationen beigefügt sind, die in einer vom betreffenden Mitgliedstaat festgelegten Sprache, die von den Verbrauchern und sonstigen Endnutzern leicht verstanden werden kann, verfasst sind. Diese Betriebsanleitung und Sicherheitsinformationen sowie alle Kennzeichnungen müssen klar, verständlich und deutlich sein. | *Neue verschärfte und präzisierte Anforderungen an die Hersteller. Problematisch wird die Vorgabe, Bedienungsanleitung und Sicherheitsinformationen in „leicht verständlicher Sprache" zu erstellen, hierfür gibt es keine verbindliche rechtliche Definition.* |
| | (8) Hersteller, die der Auffassung sind oder Grund zu der Annahme haben, dass ein von ihnen in Verkehr gebrachtes elektrisches Betriebsmittel nicht den Anforderungen dieser Richtlinie entspricht, ergreifen unverzüglich die Korrekturmaßnahmen, die erforderlich sind, um die Konformität dieses elektrischen Betriebsmittels herzustellen oder es gegebenenfalls zurückzunehmen oder zurückzurufen. Außerdem unterrichten die Hersteller, wenn mit dem elektrischen Betriebsmittel Risiken verbunden sind, unverzüglich die zuständigen nationalen Behörden der Mitgliedstaaten, in denen sie das elektrische Betriebsmittel auf dem Markt bereitgestellt haben, darüber und machen dabei ausführliche Angaben, insbesondere über die Nichtkonformität und die ergriffenen Korrekturmaßnahmen. | *neue verschärfte und präzisierte Anforderungen an die Hersteller* |
| | (9) Die Hersteller stellen der zuständigen nationalen Behörde auf deren begründetes Verlangen alle Informationen und Unterlagen, die für den Nachweis der Konformität des elektrischen Betriebsmittels mit dieser Richtlinie erforderlich sind, in Papierform oder auf elektronischem Wege in einer Sprache zur Verfügung, die von dieser zuständigen nationalen Behörde leicht verstanden werden kann. Sie kooperieren mit dieser Behörde auf deren Verlangen bei allen Maßnahmen zur Abwendung von Risiken, die mit elektrischen Betriebsmitteln verbunden sind, die sie in Verkehr gebracht haben. | *neue verschärfte und präzisierte Anforderungen an die Hersteller* |

Synoptische Kommentierung der neuen Niederspannungsrichtlinie | **Kapitel 6**

| Bisherige Richtlinie 2006/95/EG | Neue Richtlinie 2014/35/EU | Kommentierung |
|---|---|---|
| | **Artikel 7 Bevollmächtigte** | |
| | (1) Ein Hersteller kann schriftlich einen Bevollmächtigten benennen. | *Der Bevollmächtigte wurde bisher nur in Artikel 10 Nummer 3 Buchstabe a und in den Anhängen der Richtlinie 2006/95/EG erwähnt. Artikel 2 Nummer 4 enthält eine begriffliche Bestimmung, Artikel 7 definiert Aufgaben und Pflichten.* |
| | Die Pflichten gemäß Artikel 6 Absatz 1 und die Pflicht zur Erstellung der technischen Unterlagen gemäß Artikel 6 Absatz 2 sind nicht Teil des Auftrags eines Bevollmächtigten. | *neu* |
| | (2) Ein Bevollmächtigter nimmt die im vom Hersteller erhaltenen Auftrag festgelegten Aufgaben wahr. Der Auftrag muss dem Bevollmächtigten gestatten, mindestens folgende Aufgaben wahrzunehmen: | *neu* |
| | a) Bereithaltung der EU-Konformitätserklärung und der technischen Unterlagen für die nationalen Marktüberwachungsbehörden für zehn Jahre nach Inverkehrbringen eines elektrischen Betriebsmittels; | *neu* |
| | b) auf begründetes Verlangen einer zuständigen nationalen Behörde Aushändigung aller erforderlichen Informationen und Unterlagen zum Nachweis der Konformität eines elektrischen Betriebsmittels an diese Behörde; | *neu* |
| | c) auf Verlangen der zuständigen nationalen Behörden Kooperation bei allen Maßnahmen zur Abwendung der Risiken, die mit elektrischen Betriebsmitteln verbunden sind, die zum Aufgabenbereich des Bevollmächtigten gehören. | *neu* |
| | **Artikel 8 Pflichten der Einführer** | |
| | (1) Einführer dürfen nur konforme elektrische Betriebsmittel in Verkehr bringen. | *Auch der Einführer (Importeur) von elektrischen Betriebsmitteln in das Gemeinschaftsgebiet wird von der neuen Richtlinie – vergleichbar dem Hersteller und den anderen Wirtschaftsakteuren in der Vertriebs- und Lieferkette – in die Pflicht genommen. Bisher wurde er überhaupt nur in Artikel 8 erwähnt, jetzt wird der Begriff in Artikel 2 Nummer 5 bestimmt, und Aufgaben und Verpflichtungen des Einführers in Artikel 8 konkret benannt.* |

| Bisherige Richtlinie 2006/95/EG | Neue Richtlinie 2014/35/EU | Kommentierung |
|---|---|---|
| | (2) Bevor sie ein elektrisches Betriebsmittel in Verkehr bringen, gewährleisten die Einführer, dass das betreffende Konformitätsbewertungsverfahren vom Hersteller durchgeführt wurde. Sie gewährleisten, dass der Hersteller die technischen Unterlagen erstellt hat, dass das elektrische Betriebsmittel mit der CE-Kennzeichnung versehen ist, dass ihm die erforderlichen Unterlagen beigefügt sind und dass der Hersteller die Anforderungen von Artikel 6 Absätze 5 und 6 erfüllt hat.<br><br>Ist ein Einführer der Auffassung oder hat er Grund zu der Annahme, dass ein elektrisches Betriebsmittel nicht mit den Sicherheitszielen nach Artikel 3 und Anhang I übereinstimmt, darf er dieses elektrische Betriebsmittel nicht in Verkehr bringen, bevor dessen Konformität hergestellt ist. Wenn mit dem elektrischen Betriebsmittel ein Risiko verbunden ist, unterrichtet der Einführer den Hersteller und die Marktüberwachungsbehörden hiervon. | *neu* |
| | (3) Die Einführer geben ihren Namen, ihren eingetragenen Handelsnamen oder ihre eingetragene Handelsmarke und die Postanschrift, unter der sie erreicht werden können, entweder auf dem elektrischen Betriebsmittel selbst oder, wenn dies nicht möglich ist, auf der Verpackung oder in den dem elektrischen Betriebsmittel beigefügten Unterlagen an. Die Kontaktdaten sind in einer Sprache anzugeben, die von den Endnutzern und den Marktüberwachungsbehörden leicht verstanden werden kann. | *neu* |
| | (4) Die Einführer gewährleisten, dass dem elektrischen Betriebsmittel die Betriebsanleitung und die Sicherheitsinformationen beigefügt sind, die in einer vom betreffenden Mitgliedstaat festgelegten Sprache, die von den Verbrauchern und sonstigen Endnutzern leicht verstanden werden kann, verfasst sind. | *neu* |
| | (5) Solange sich ein elektrisches Betriebsmittel in ihrer Verantwortung befindet, gewährleisten die Einführer, dass die Lagerungs- oder Transportbedingungen dessen Übereinstimmung mit den Sicherheitszielen nach Artikel 3 und Anhang I nicht beeinträchtigen. | *neu* |

| Bisherige Richtlinie 2006/95/EG | Neue Richtlinie 2014/35/EU | Kommentierung |
|---|---|---|
| | (6) Die Einführer nehmen, falls dies angesichts der von einem elektrischen Betriebsmittel ausgehenden Risiken als angemessen betrachtet wird, zum Schutz der Gesundheit und der Sicherheit der Verbraucher Stichprobenprüfungen von auf dem Markt bereitgestellten elektrischen Betriebsmitteln vor, untersuchen die und führen erforderlichenfalls ein Verzeichnis der Beschwerden hinsichtlich nichtkonformer elektrischer Betriebsmittel und Rückrufe von elektrischen Betriebsmitteln und halten die Händler über solche Überwachungstätigkeiten auf dem Laufenden. | Neue Verpflichtung, deren Umfang überhaupt nicht geklärt ist. Aufgrund der schwammigen Formulierungen meines Erachtens gänzlich unpraktikabel. |
| | (7) Einführer, die der Auffassung sind oder Grund zu der Annahme haben, dass ein von ihnen in Verkehr gebrachtes elektrisches Betriebsmittel nicht dieser Richtlinie entspricht, ergreifen unverzüglich die erforderlichen Korrekturmaßnahmen, um die Konformität dieses elektrischen Betriebsmittels herzustellen oder es gegebenenfalls zurückzunehmen oder zurückzurufen. Außerdem unterrichten die Einführer, wenn mit dem elektrischen Betriebsmittel Risiken verbunden sind, unverzüglich die zuständigen nationalen Behörden der Mitgliedstaaten, in denen sie das elektrische Betriebsmittel auf dem Markt bereitgestellt haben, darüber und machen dabei ausführliche Angaben, insbesondere über die Nichtkonformität und die ergriffenen Korrekturmaßnahmen. | Ein besonderes Risiko beinhaltet Absatz 7. Danach müssen Einführer, die der Auffassung sind oder Grund zu der Annahme haben, dass ein von ihnen in Verkehr elektrisches Betriebsmittel nicht dieser Richtlinie entspricht, unverzüglich erforderlichen Korrekturmaßnahmen ergreifen, um die Konformität dieses Geräts herzustellen oder es gegebenenfalls zurückzunehmen oder zurückzurufen. Außerdem müssen sie, wenn mit dem Gerät Risiken verbunden sind, unverzüglich die zuständigen nationalen Behörden der Mitgliedstaaten informieren. |
| | (8) Die Einführer halten nach dem Inverkehrbringen des elektrischen Betriebsmittels zehn Jahre lang eine Kopie der EU-Konformitätserklärung für die Marktüberwachungsbehörden bereit und stellen sicher, dass diesen die technischen Unterlagen auf Verlangen vorgelegt werden können. | neu |
| | (9) Die Einführer stellen der zuständigen nationalen Behörde auf deren begründetes Verlangen alle Informationen und Unterlagen, die für den Nachweis der Konformität des elektrischen Betriebsmittels erforderlich sind, in Papierform oder auf elektronischem Wege in einer Sprache zur Verfügung, die von dieser zuständigen nationalen Behörde leicht verstanden werden kann. Sie kooperieren mit dieser Behörde auf deren Verlangen bei allen Maßnahmen zur Abwendung von Risiken, die mit elektrischen Betriebsmitteln verbunden sind, die sie in Verkehr gebracht haben. | neu |

## Synoptische Kommentierung der neuen Niederspannungsrichtlinie | Kapitel 6

| Bisherige Richtlinie 2006/95/EG | Neue Richtlinie 2014/35/EU | Kommentierung |
|---|---|---|
| | **Artikel 9 Pflichten der Händler** | |
| | (1) Die Händler berücksichtigen die Anforderungen dieser Richtlinie mit der gebührenden Sorgfalt, wenn sie ein elektrisches Betriebsmittel auf dem Markt bereitstellen. | *Auch die Händler traten bisher nicht auf – begriffliche Bestimmung in Artikel 2 Nummer 6, Aufgaben und Pflichten nebenstehend.* |
| | (2) Bevor sie ein elektrisches Betriebsmittel auf dem Markt bereitstellen, überprüfen die Händler, ob dieses mit der CE-Kennzeichnung versehen ist, ob ihm die erforderlichen Unterlagen beigefügt sind, ob ihm die Betriebsanleitung und die Sicherheitsinformationen in einer Sprache beigefügt sind, die von den Verbrauchern und sonstigen Endnutzern in dem Mitgliedstaat, in dem das elektrische Betriebsmittel auf dem Markt bereitgestellt werden soll, leicht verstanden werden kann, und ob der Hersteller und der Einführer die Anforderungen von Artikel 6 Absätze 5 und 6 bzw. von Artikel 8 Absatz 3 erfüllt haben. | *Wie oben dargestellt, ist die Vorgabe der leicht verständlichen Sprache problematisch – eine gewisse, meines Erachtens aber nicht ausreichende Auslegungshilfe bietet lediglich die Lebensmittelinformationsverordnung (EG) Nr. 1169/2011, die in Artikel 7 Absatz 2 diesbezüglich auf „Informationen über Lebensmittel müssen zutreffend, klar und für die Verbraucher leicht verständlich sein," verweist.* |
| | Ist ein Händler der Auffassung oder hat er Grund zu der Annahme, dass ein elektrisches Betriebsmittel nicht mit den Sicherheitszielen nach Artikel 3 und Anhang I übereinstimmt, stellt er dieses elektrische Betriebsmittel nicht auf dem Markt bereit, bevor dessen Konformität hergestellt ist. Wenn mit dem elektrischen Betriebsmittel ein Risiko verbunden ist, unterrichtet der Händler außerdem den Hersteller oder den Einführer sowie die Marktüberwachungsbehörden darüber. | *neu* |
| | (3) Solange sich ein elektrisches Betriebsmittel in ihrer Verantwortung befindet, gewährleisten die Händler, dass die Lagerungs- oder Transportbedingungen dessen Übereinstimmung mit den Sicherheitszielen nach Artikel 3 und Anhang I nicht beeinträchtigen. | *neu* |

# Synoptische Kommentierung der neuen Niederspannungsrichtlinie | Kapitel 6

| Bisherige Richtlinie 2006/95/EG | Neue Richtlinie 2014/35/EU | Kommentierung |
|---|---|---|
| | (4) Händler, die der Auffassung sind oder Grund zu der Annahme haben, dass ein von ihnen auf dem Markt bereitgestelltes elektrisches Betriebsmittel nicht dieser Richtlinie entspricht, stellen sicher, dass die erforderlichen Korrekturmaßnahmen ergriffen werden, um die Konformität dieses Betriebsmittels herzustellen oder es gegebenenfalls zurückzunehmen oder zurückzurufen. Außerdem unterrichten die Händler, wenn mit dem elektrischen Betriebsmittel Risiken verbunden sind, unverzüglich die zuständigen nationalen Behörden der Mitgliedstaaten, in denen sie das elektrische Betriebsmittel auf dem Markt bereitgestellt haben, darüber und machen dabei ausführliche Angaben, insbesondere über die Nichtkonformität und die ergriffenen Korrekturmaßnahmen. | *neu, siehe Artikel 8 Absatz 7* |
| | (5) Die Händler stellen der zuständigen nationalen Behörde auf deren begründetes Verlangen alle Informationen und Unterlagen, die für den Nachweis der Konformität eines elektrischen Betriebsmittels erforderlich sind, in Papierform oder auf elektronischem Wege zur Verfügung. Sie kooperieren mit dieser Behörde auf deren Verlangen bei allen Maßnahmen zur Abwendung von Risiken, die mit elektrischen Betriebsmitteln verbunden sind, die sie auf dem Markt bereitgestellt haben. | *neu* |
| | **Artikel 10 Umstände, unter denen die Pflichten des Herstellers auch für Einführer und Händler gelten** | |
| | Ein Einführer oder Händler gilt als Hersteller für die Zwecke dieser Richtlinie und unterliegt den Pflichten eines Herstellers nach Artikel 6, wenn er ein elektrisches Betriebsmittel unter seinem eigenen Namen oder seiner eigenen Handelsmarke in Verkehr bringt oder ein bereits auf dem Markt befindliches elektrisches Betriebsmittel so verändert, dass die Konformität mit dieser Richtlinie beeinträchtigt werden kann. | *Die besonderen Herstellerverpflichtungen des Artikels 7 werden auch den Händlern und Importeuren auferlegt – und zwar dann, wenn sie ein Betriebsmittel unter eigenem Namen bzw. unter ihrer Handelsmarke in den Verkehr bringen. Die Pflichten treffen die genannten Wirtschaftsakteure auch, wenn durch Veränderungen am Betriebsmittel die Niederspannungskonformität nicht mehr vollständig gegeben ist. Hier erfolgt eine Gleichstellung mit dem Quasi-Hersteller des Produkthaftungsrechts.* |

| Bisherige Richtlinie 2006/95/EG | Neue Richtlinie 2014/35/EU | Kommentierung |
|---|---|---|
| | **Artikel 11 Nennung der Wirtschaftsakteure** | |
| | Die Wirtschaftsakteure nennen den Marktüberwachungsbehörden auf Verlangen die Wirtschaftsakteure, <br><br>a) von denen sie ein elektrisches Betriebsmittel bezogen haben, <br><br>b) an die sie ein elektrisches Betriebsmittel abgegeben haben. Die Wirtschaftsakteure müssen die Informationen nach Unterabsatz 1 zehn Jahre ab dem Bezug des elektrischen Betriebsmittels bzw. zehn Jahre ab der Abgabe des elektrischen Betriebsmittels vorlegen können. | *Artikel 12 normiert die Auskunftspflichten für Hersteller, Händler und Importeure. Ihnen wird auch eine Frist zur Informationsabgabe auferlegt, die durchaus mehr als zehn Jahre nach dem Bezug der Geräte betragen kann. Durch bloße Lagerungszeit erfolgt nämlich kein Fristlauf.* |
| Artikel 5 | **Artikel 12 Vermutung der Konformität auf der Grundlage harmonisierter Normen** | |
| Die Mitgliedstaaten treffen alle zweckdienlichen Maßnahmen, damit die zuständigen Verwaltungsbehörden für das Inverkehrbringen nach Artikel 2 oder den freien Verkehr nach Artikel 3 insbesondere solche elektrischen Betriebsmittel als mit den Bestimmungen des Artikels 2 übereinstimmend erachten, die den Sicherheitsanforderungen der harmonisierten Normen genügen. <br><br>Als harmonisierte Normen gelten diejenigen Normen, die im gegenseitigen Einvernehmen von den Stellen, die von den Mitgliedstaaten nach Artikel 11 Absatz 1 Buchstabe a mitgeteilt wurden, festgelegt und die im Rahmen der einzelstaatlichen Verfahren bekannt gegeben worden sind. Die Normen werden entsprechend dem technologischen Fortschritt sowie der Entwicklung der Regeln der Technik im Bereich der Sicherheit auf den neuesten Stand gebracht. <br><br>Die Liste der harmonisierten Normen und deren Fundstellen werden zur Unterrichtung im Amtsblatt der Europäischen Union veröffentlicht. | Bei elektrischen Betriebsmitteln, die mit harmonisierten Normen oder Teilen davon übereinstimmen, deren Fundstellen im Amtsblatt der Europäischen Union veröffentlicht worden sind, wird eine Konformität mit den Sicherheitszielen nach Artikel 3 und Anhang I vermutet, die von den betreffenden Normen oder Teilen davon abgedeckt sind. | *Präzisierung und ausdrückliche Vermutungswirkung bezüglich der Verwendung harmonisierter Normen* |

| Bisherige Richtlinie 2006/95/EG | Neue Richtlinie 2014/35/EU | Kommentierung |
|---|---|---|
| Artikel 6 | **Artikel 13 Vermutung der Konformität auf der Grundlage internationaler Normen** | |
| 1. Soweit noch keine harmonisierten Normen im Sinne von Artikel 5 festgelegt und veröffentlicht worden sind, treffen die Mitgliedstaaten alle zweckdienlichen Maßnahmen, damit die zuständigen Verwaltungsbehörden im Hinblick auf das in Artikel 2 genannte Inverkehrbringen oder im Hinblick auf den in Artikel 3 genannten freien Verkehr auch solche elektrischen Betriebsmittel als mit den Bestimmungen des Artikels 2 übereinstimmend erachten, die den Sicherheitsanforderungen der International Commission on the Rules for the Approval of Electrical Equipment (CEE-él) (Internationale Kommission für die Regelung der Zulassung elektrischer Ausrüstungen) oder der International Electrotechnical Commission (IEC) (Internationale Elektrotechnische Kommission) genügen, soweit auf diese Bestimmungen das in den Absätzen 2 und 3 vorgesehene Veröffentlichungsverfahren angewendet worden ist. | (1) Sind keine harmonisierten Normen nach Artikel 12 festgelegt und veröffentlicht worden, so treffen die Mitgliedstaaten alle zweckdienlichen Maßnahmen, damit ihre zuständigen Behörden im Hinblick auf die in Artikel 3 genannte Bereitstellung auf dem Markt oder im Hinblick auf den in Artikel 4 genannten freien Verkehr auch solche elektrischen Betriebsmittel als mit den Sicherheitszielen nach Artikel 3 und Anhang I übereinstimmend erachten, die den Sicherheitsanforderungen der von der Internationalen Elektrotechnischen Kommission festgelegten internationalen Normen genügen, die gemäß dem Verfahren nach Absatz 2 und 3 dieses Artikels veröffentlicht worden sind. | *Weitgehend identisch, mittlerweile sind nur noch die Sicherheitsanforderungen nach Normen der IEC zulässig.* |
| 2. Die in Absatz 1 genannten Sicherheitsanforderungen werden den Mitgliedstaaten von der Kommission mitgeteilt, sobald diese Richtlinie in Kraft getreten ist, und danach jeweils unmittelbar nach deren Veröffentlichung. Die Kommission weist nach Konsultation der Mitgliedstaaten auf diejenigen Bestimmungen sowie namentlich auf diejenigen Varianten hin, deren Veröffentlichung sie empfiehlt. | (2) Die in Absatz 1 genannten Sicherheitsanforderungen werden den Mitgliedstaaten von der Kommission mitgeteilt. Die Kommission weist nach Konsultation der Mitgliedstaaten auf diejenigen Sicherheitsbestimmungen sowie namentlich auf diejenigen von deren Varianten hin, deren Veröffentlichung sie empfiehlt. | *Klarstellung* |
| 3. Die Mitgliedstaaten teilen der Kommission binnen drei Monaten ihre etwaigen Einwände gegen die ihnen übermittelten Bestimmungen mit und geben dabei die sicherheitstechnischen Gründe an, die der Annahme der einen oder anderen Bestimmung entgegenstehen. | (3) Die Mitgliedstaaten teilen der Kommission binnen drei Monaten ihre etwaigen Einwände gegen die ihnen nach Absatz 2 übermittelten Sicherheitsbestimmungen mit und geben dabei die sicherheitstechnischen Gründe an, die der Anerkennung dieser Bestimmungen entgegenstehen. | *identisch* |
| Diejenigen Sicherheitsanforderungen, gegen die keine Einwände erhoben worden sind, werden zur Unterrichtung im Amtsblatt der Europäischen Union veröffentlicht. | Die Fundstellen der Sicherheitsbestimmungen, gegen die keine Einwände erhoben worden sind, werden zur Unterrichtung im Amtsblatt der Europäischen Union veröffentlicht. | *identisch* |

| Bisherige Richtlinie 2006/95/EG | Neue Richtlinie 2014/35/EU | Kommentierung |
|---|---|---|
| Artikel 7 | **Artikel 14 Vermutung der Konformität auf der Grundlage nationaler Normen** | |
| Soweit noch keine harmonisierten Normen im Sinne von Artikel 5 oder keine gemäß Artikel 6 veröffentlichten Sicherheitsanforderungen bestehen, treffen die Mitgliedstaaten alle zweckdienlichen Maßnahmen, damit die zuständigen Verwaltungsbehörden im Hinblick auf das in Artikel 2 genannte Inverkehrbringen oder im Hinblick auf den in Artikel 3 genannten freien Verkehr auch solche elektrischen Betriebsmittel, die entsprechend den Sicherheitsanforderungen der im herstellenden Mitgliedstaat angewandten Normen gebaut worden sind, als mit den Bestimmungen des Artikels 2 übereinstimmend erachten, wenn sie die gleiche Sicherheit bieten, die in ihrem eigenen Hoheitsgebiet gefordert wird. | Sind keine harmonisierten Normen nach Artikel 12 festgelegt und veröffentlicht worden und sind keine internationalen Normen nach Artikel 13 veröffentlicht worden, so treffen die Mitgliedstaaten alle zweckdienlichen Maßnahmen, damit die zuständigen Behörden im Hinblick auf die in Artikel 3 genannte Bereitstellung auf dem Markt oder im Hinblick auf den in Artikel 4 genannten freien Verkehr auch solche elektrischen Betriebsmittel, die entsprechend den Sicherheitsanforderungen der im herstellenden Mitgliedstaat angewandten Normen hergestellt worden sind, als mit den Sicherheitszielen nach Artikel 3 und Anhang I übereinstimmend erachten, wenn sie ein Sicherheitsniveau bieten, das dem in ihrem eigenen Hoheitsgebiet geforderten Niveau entspricht. | *identisch* |
| | **Artikel 15 EU-Konformitätserklärung** | |
| | (1) Die EU-Konformitätserklärung besagt, dass die Erfüllung der Sicherheitsziele nach Artikel 3 und Anhang I nachgewiesen wurde. | *neu* |
| | (2) Die EU-Konformitätserklärung entspricht in ihrem Aufbau dem Muster in Anhang IV, enthält die in Modul A in Anhang III angegebenen Elemente und wird auf dem neuesten Stand gehalten. Sie wird in die Sprache bzw. Sprachen übersetzt, die von dem Mitgliedstaat vorgeschrieben wird/werden, in dem das elektrische Betriebsmittel in Verkehr gebracht wird bzw. auf dessen Markt es bereitgestellt wird. | *neu* |
| | (3) Unterliegt ein elektrisches Betriebsmittel mehreren Rechtsvorschriften der Union, in denen jeweils eine EU-Konformitätserklärung vorgeschrieben ist, wird nur eine einzige EU-Konformitätserklärung für sämtliche Rechtsvorschriften der Union ausgestellt. In dieser Erklärung sind die betroffenen Rechtsvorschriften der Union samt ihrer Fundstelle im Amtsblatt anzugeben. | *neu bzw. Klarstellung* |
| | (4) Mit der Ausstellung der EU-Konformitätserklärung übernimmt der Hersteller die Verantwortung dafür, dass das elektrische Betriebsmittel die Anforderungen dieser Richtlinie erfüllt. | |

# Synoptische Kommentierung der neuen Niederspannungsrichtlinie | Kapitel 6

| Bisherige Richtlinie 2006/95/EG | Neue Richtlinie 2014/35/EU | Kommentierung |
|---|---|---|
| Artikel 8 | **Artikel 16 Allgemeine Grundsätze der CE-Kennzeichnung** | |
| 1. Vor dem Inverkehrbringen müssen die elektrischen Betriebsmittel mit der in Artikel 10 vorgesehenen CE-Kennzeichnung versehen werden, die anzeigt, dass sie den Bestimmungen dieser Richtlinie einschließlich den Konformitätsbewertungsverfahren gemäß Anhang IV entsprechen. | Für die CE-Kennzeichnung gelten die allgemeinen Grundsätze gemäß Artikel 30 der Verordnung (EG) Nr. 765/2008. | *neu aufgrund der Verordnung (EG) Nr. 765/2008* |
| 2. Bei Beanstandungen kann der Hersteller oder Importeur einen von einer nach Artikel 11 Absatz 1 Buchstabe b mitgeteilten Stelle ausgearbeiteten Gutachterbericht über die Übereinstimmung mit den Bestimmungen des Artikels 2 vorlegen. | | |
| 3. Falls elektrische Betriebsmittel auch von anderen Richtlinien erfasst werden, die andere Aspekte behandeln und in denen die CE-Kennzeichnung vorgesehen ist, wird mit dieser Kennzeichnung angegeben, dass auch von der Konformität dieser Betriebsmittel mit den Bestimmungen dieser anderen Richtlinien auszugehen ist. | | |
| Steht jedoch laut einer oder mehrerer dieser Richtlinien dem Hersteller während einer Übergangszeit die Wahl der anzuwendenden Regelung frei, so wird durch die CE-Kennzeichnung lediglich die Konformität mit den Bestimmungen der vom Hersteller angewandten Richtlinien angezeigt. In diesem Fall müssen die dem Betriebsmittel beiliegenden Unterlagen, Hinweise oder Anleitungen die Nummern der jeweils angewandten Richtlinien entsprechend ihrer Veröffentlichung im Amtsblatt der Europäischen Union tragen. | | |
| Artikel 10 | **Artikel 17 Vorschriften und Bedingungen für die Anbringung der CE-Kennzeichnung** | |
| 1. Die CE-Kennzeichnung gemäß Anhang III wird vom Hersteller oder seinem in der Gemeinschaft ansässigen Bevollmächtigten auf den elektrischen Betriebsmitteln oder, sollte dies nicht möglich sein, auf der Verpackung bzw. der Gebrauchsanleitung oder dem Garantieschein sichtbar, leserlich und dauerhaft angebracht. | (1) Die CE-Kennzeichnung wird gut sichtbar, leserlich und dauerhaft auf dem elektrischen Betriebsmittel oder seiner Datenplakette angebracht. Falls die Art des elektrischen Betriebsmittels dies nicht zulässt oder nicht rechtfertigt, wird sie auf der Verpackung und den Begleitunterlagen angebracht. | *Klarstellung und Präzisierung* |
| Artikel 8 | | |

| Bisherige Richtlinie 2006/95/EG | Neue Richtlinie 2014/35/EU | Kommentierung |
|---|---|---|
| 1. Vor dem Inverkehrbringen müssen die elektrischen Betriebsmittel mit der in Artikel 10 vorgesehenen CE-Kennzeichnung versehen werden, die anzeigt, dass sie den Bestimmungen dieser Richtlinie einschließlich den Konformitätsbewertungsverfahren gemäß Anhang IV entsprechen. | (2) Die CE-Kennzeichnung wird vor dem Inverkehrbringen des elektrischen Betriebsmittels angebracht. | *identisch – merkwürdigerweise ist wieder von Inverkehrbringen und nicht von Bereitstellung auf dem Markt die Rede* |
| Artikel 10 | | |
| 2. Es ist verboten, auf den elektrischen Betriebsmitteln Kennzeichnungen anzubringen, durch die Dritte hinsichtlich der Bedeutung und des Schriftbildes der CE-Kennzeichnung irregeführt werden könnten. Jede andere Kennzeichnung darf auf den elektrischen Betriebsmitteln, deren Verpackung, Gebrauchsanleitung oder Garantieschein angebracht werden, wenn sie Sichtbarkeit und Lesbarkeit der CE-Kennzeichnung nicht beeinträchtigt.<br><br>3. Unbeschadet des Artikels 9<br><br>a) ist bei der Feststellung durch einen Mitgliedstaat, dass die CE-Kennzeichnung unberechtigterweise angebracht wurde, der Hersteller oder sein in der Gemeinschaft ansässiger Bevollmächtigter verpflichtet, das Produkt wieder in Einklang mit den Bestimmungen für die CE-Kennzeichnung zu bringen und den weiteren Verstoß unter den von diesem Mitgliedstaat festgelegten Bedingungen zu verhindern; | (3) Die Mitgliedstaaten bauen auf bestehenden Mechanismen auf, um eine ordnungsgemäße Durchführung des Systems der CE-Kennzeichnung zu gewährleisten, und leiten im Falle einer missbräuchlichen Verwendung dieser Kennzeichnung angemessene Schritte ein. | *Vereinfachung* |
| b) der Mitgliedstaat ergreift – falls die Nichtübereinstimmung weiter besteht – alle geeigneten Maßnahmen, um das Inverkehrbringen des betreffenden Produkts einzuschränken oder zu untersagen bzw. um zu gewährleisten, dass es nach Artikel 9 vom Markt zurückgezogen wird. | | |
| | **Artikel 18 Überwachung des Unionsmarkts und Kontrolle der auf den Unionsmarkt eingeführten elektrischen Betriebsmittel** | |
| | Für elektrische Betriebsmittel gelten Artikel 15 Absatz 3 und Artikel 16 bis 29 der Verordnung (EG) Nr. 765/2008. | *notwendiger Verweis auf die Verordnung (EG) Nr. 765/2008* |
| Artikel 9 | **Artikel 19 Verfahren auf nationaler Ebene zur Behandlung von elektrischen Betriebsmitteln, mit denen ein Risiko verbunden ist** | |

| Bisherige Richtlinie 2006/95/EG | Neue Richtlinie 2014/35/EU | Kommentierung |
| --- | --- | --- |
| 1. Wenn ein Mitgliedstaat aus Sicherheitsgründen das Inverkehrbringen von elektrischen Betriebsmitteln untersagt oder den freien Verkehr dieser Betriebsmittel behindert, setzt er die betroffenen Mitgliedstaaten und die Kommission unter Angabe der Gründe seiner Entscheidung hiervon unverzüglich in Kenntnis und gibt insbesondere an, a) ob die Nichterfüllung von Artikel 2 auf die Unzulänglichkeit der harmonisierten Normen nach Artikel 5, der Bestimmungen nach Artikel 6 oder der Normen nach Artikel 7 zurückzuführen ist; b) ob die Nichterfüllung von Artikel 2 auf die schlechte Anwendung der genannten Normen bzw. Veröffentlichungen oder die Nichteinhaltung der Regeln der Technik nach jenem Artikel zurückzuführen ist. | (1) Haben die Marktüberwachungsbehörden eines Mitgliedstaates hinreichenden Grund zu der Annahme, dass ein von dieser Richtlinie erfasstes elektrisches Betriebsmittel ein Risiko für die Gesundheit oder Sicherheit von Menschen oder Haus- und Nutztieren oder für Güter ist, nehmen sie eine Bewertung des betreffenden Betriebsmittels im Hinblick auf alle in dieser Richtlinie festgelegten einschlägigen Anforderungen vor. Die betreffenden Wirtschaftsakteure arbeiten zu diesem Zweck im erforderlichen Umfang mit den Marktüberwachungsbehörden zusammen. Gelangen die Marktüberwachungsbehörden im Verlauf der Bewertung nach Unterabsatz 1 zu dem Ergebnis, dass das elektrische Betriebsmittel die Anforderungen dieser Richtlinie nicht erfüllt, so fordern sie unverzüglich den betreffenden Wirtschaftsakteur dazu auf, innerhalb einer von der Behörde vorgeschriebenen, der Art des Risikos angemessenen Frist alle geeigneten Korrekturmaßnahmen zu ergreifen, um die Übereinstimmung des elektrischen Betriebsmittels mit diesen Anforderungen herzustellen, es vom Markt zu nehmen oder zurückzurufen. Artikel 21 der Verordnung (EG) Nr. 765/2008 gilt für die in Unterabsatz 2 dieses Absatzes genannten Maßnahmen. | *Klarstellung und Präzisierung unter Bezug auf die Verordnung (EG) Nr. 765/2008.* *Der neue Artikel 38 konkretisiert das Verfahren zur Behandlung von Betriebsmitteln, mit denen ein Niederspannungsrisiko verbunden ist. Erfüllt ein Betriebsmittel nach Meinung der Marktüberwachung nicht die Anforderungen der Richtlinie 2014/35/EU, kann sie zu beschränkenden Maßnahmen im Sinne des Artikels 21 der Verordnung (EG) Nr. 765/2008 greifen. Danach gilt Folgendes:* *1. Die Mitgliedstaaten müssen sicherstellen, dass jede gemäß den jeweiligen Harmonisierungsrechtsvorschriften der Gemeinschaft ergriffene Maßnahme zur Untersagung oder Beschränkung der Bereitstellung eines Produkts auf dem Markt, zur Rücknahme vom Markt oder zum Rückruf verhältnismäßig ist und eine präzise Begründung enthält.* *2. Solche Maßnahmen müssen dem betroffenen Wirtschaftsakteur unverzüglich bekannt gegeben werden. Dabei muss er auch informiert werden, welche Rechtsmittel ihm aufgrund der Rechtsvorschriften des betreffenden Mitgliedstaates zur Verfügung stehen und innerhalb welcher Fristen sie einzulegen sind.* *3. Vor Erlass einer beschränkenden Maßnahme nach Absatz 1 muss dem betroffenen Wirtschaftsakteur Gelegenheit gegeben werden, sich innerhalb einer angemessenen Frist, die nicht kürzer als zehn Tage sein darf, zu äußern – es sei denn, seine Anhörung wäre nicht möglich, weil ihr die Dringlichkeit der Maßnahme aufgrund von Anforderungen der einschlägigen Harmonisierungsrechtsvorschriften der Gemeinschaft in Bezug auf Gesundheit, Sicherheit oder andere Gründe im Zusammenhang mit den öffentlichen Interessen entgegensteht. Wenn eine Maßnahme getroffen wurde, ohne dass der betreffende Akteur gehört wurde, muss ihm so schnell wie möglich Gelegenheit zur Äußerung gegeben und die getroffene Maßnahme umgehend überprüft werden. Jede Maßnahme nach Artikel 1 Absatz 1 der Verordnung (EG) Nr. 765/2008 muss umgehend zurückgenommen oder geändert werden, sobald der Wirtschaftsakteur nachweist, dass er wirksame Maßnahmen getroffen hat.* |

| Bisherige Richtlinie 2006/95/EG | Neue Richtlinie 2014/35/EU | Kommentierung |
|---|---|---|
| | (2) Sind die Marktüberwachungsbehörden der Auffassung, dass sich die Nichtkonformität nicht auf ihr Hoheitsgebiet beschränkt, unterrichten sie die Kommission und die übrigen Mitgliedstaaten über die Ergebnisse der Bewertung und die Maßnahmen, zu denen sie den Wirtschaftsakteur aufgefordert haben. | neu |
| | (3) Der Wirtschaftsakteur gewährleistet, dass sich alle geeigneten Korrekturmaßnahmen, die er ergreift, auf sämtliche betroffenen elektrischen Betriebsmittel erstrecken, die er in der Union auf dem Markt bereitgestellt hat. | neu |
| | (4) Ergreift der betreffende Wirtschaftsakteur innerhalb der in Absatz 1 Unterabsatz 2 genannten Frist keine angemessenen Korrekturmaßnahmen, treffen die Marktüberwachungsbehörden alle geeigneten vorläufigen Maßnahmen, um die Bereitstellung des elektrischen Betriebsmittels auf ihrem nationalen Markt zu untersagen oder einzuschränken, das elektrische Betriebsmittel vom Markt zu nehmen oder zurückzurufen.<br><br>Die Marktüberwachungsbehörden unterrichten die Kommission und die übrigen Mitgliedstaaten unverzüglich über diese Maßnahmen. | neu |
| | (5) Aus der in Absatz 4 Unterabsatz 2 genannten Unterrichtung gehen alle verfügbaren Angaben hervor, insbesondere die Daten für die Identifizierung des nichtkonformen elektrischen Betriebsmittels, die Herkunft des elektrischen Betriebsmittels, die Art der behaupteten Nichtkonformität und des Risikos sowie die Art und Dauer der ergriffenen nationalen Maßnahmen und die Argumente des betreffenden Wirtschaftsakteurs. Die Marktüberwachungsbehörden geben insbesondere an, ob die Nichtkonformität auf eine der folgenden Ursachen zurückzuführen ist:<br><br>a) Das elektrische Betriebsmittel entspricht nicht den Sicherheitszielen nach Artikel 3 und Anhang I im Hinblick auf die Gesundheit oder Sicherheit von Menschen oder Haus- und Nutztiere oder im Hinblick auf Güter; oder<br><br>b) die in Artikel 12 genannten harmonisierten Normen oder die in den Artikeln 13 und 14 genannten internationalen oder nationalen Normen, bei deren Einhaltung eine Konformitätsvermutung gilt, sind mangelhaft. | neu |

| Bisherige Richtlinie 2006/95/EG | Neue Richtlinie 2014/35/EU | Kommentierung |
|---|---|---|
| | (6) Die anderen Mitgliedstaaten außer jenem, der das Verfahren nach diesem Artikel eingeleitet hat, unterrichten die Kommission und die übrigen Mitgliedstaaten unverzüglich über alle erlassenen Maßnahmen und jede weitere ihnen vorliegende Information über die Nichtkonformität des elektrischen Betriebsmittels sowie, falls sie der erlassenen nationalen Maßnahme nicht zustimmen, über ihre Einwände. | *neu* |
| | (7) Erhebt weder ein Mitgliedstaat noch die Kommission innerhalb von drei Monaten nach Erhalt der in Absatz 4 Unterabsatz 2 genannten Informationen einen Einwand gegen eine vorläufige Maßnahme eines Mitgliedstaates, so gilt diese Maßnahme als gerechtfertigt. | *neu* |
| | (8) Die Mitgliedstaaten gewährleisten, dass unverzüglich geeignete beschränkende Maßnahmen hinsichtlich des betreffenden elektrischen Betriebsmittels getroffen werden, wie etwa die Rücknahme des elektrischen Betriebsmittels vom Markt. | *neu* |
| | **Artikel 20 Schutzklauselverfahren der Union** | |
| 2. Erheben andere Mitgliedstaaten Einspruch gegen die in Absatz 1 erwähnte Entscheidung, so konsultiert die Kommission unverzüglich die betreffenden Mitgliedstaaten. | (1) Wurden nach Abschluss des Verfahrens gemäß Artikel 19 Absätze 3 und 4 Einwände gegen Maßnahmen eines Mitgliedstaates erhoben oder ist die Kommission der Auffassung, dass eine nationale Maßnahme nicht mit dem Unionsrecht vereinbar ist, so konsultiert die Kommission unverzüglich die Mitgliedstaaten und den/die betreffenden Wirtschaftsakteur/Wirtschaftsakteure und nimmt eine Beurteilung der nationalen Maßnahme vor. Anhand der Ergebnisse dieser Beurteilung erlässt die Kommission einen Durchführungsrechtsakt, in dem sie feststellt, ob die nationale Maßnahme gerechtfertigt ist oder nicht. | *Laut Erwägungsgrund 26 ist in der Richtlinie 2006/95/EG bereits ein Schutzklauselverfahren vorgesehen, das erst dann anzuwenden war, wenn zwischen den Mitgliedstaaten Uneinigkeit über die Maßnahmen eines einzelnen Mitgliedstaates herrscht. Im Sinne größerer Transparenz und kürzerer Bearbeitungszeiten ist es nach Auffassung der Kommission notwendig, das bestehende Schutzklauselverfahren zu verbessern, damit es effizienter wird und der in den Mitgliedstaaten vorhandene Sachverstand genutzt wird. Das vorhandene System sollte um ein Verfahren ergänzt werden, mit dem die interessierten Kreise über geplante Maßnahmen hinsichtlich elektrischer Betriebsmittel informiert werden können, die ein Risiko für die Gesundheit oder Sicherheit von Menschen oder Haus- und Nutztieren oder für Güter darstellen.* |

| Bisherige Richtlinie 2006/95/EG | Neue Richtlinie 2014/35/EU | Kommentierung |
|---|---|---|
| | | *Auf diese Weise könnten die Marktüberwachungsbehörden in Zusammenarbeit mit den betreffenden Wirtschaftsakteuren bei derartigen elektrischen Betriebsmitteln zu einem früheren Zeitpunkt einschreiten (Erwägungsgrund 27). Zur Gewährleistung einheitlicher Bedingungen für die Durchführung der Richtlinie 2014/35/EU sollen der Kommission entsprechende Durchführungsbefugnisse übertragen werden. Diese Befugnisse sollten im Einklang mit der Verordnung (EU) Nr. 182/2011 ausgeübt werden.* |
| | Die Kommission richtet ihren Beschluss an alle Mitgliedstaaten und teilt ihn ihnen und dem/den betreffenden Wirtschaftsakteur/Wirtschaftsakteuren unverzüglich mit. | neu |
| | (2) Hält sie die nationale Maßnahme für gerechtfertigt, so ergreifen alle Mitgliedstaaten die erforderlichen Maßnahmen, um zu gewährleisten, dass das nichtkonforme elektrische Betriebsmittel vom Markt genommen wird, und unterrichten die Kommission darüber. Gilt die nationale Maßnahme als nicht gerechtfertigt, so muss der betreffende Mitgliedstaat sie zurücknehmen. | neu |
| | (3) Gilt die nationale Maßnahme als gerechtfertigt und wird die Nichtkonformität des elektrischen Betriebsmittels mit Mängeln der harmonisierten Normen gemäß Artikel 19 Absatz 5 Buchstabe b begründet, so leitet die Kommission das Verfahren nach Artikel 11 der Verordnung (EU) Nr. 1025/2012 ein. | neu |
| | **Artikel 21 Konforme elektrische Betriebsmittel, die ein Risiko darstellen** | |
| | (1) Stellt ein Mitgliedstaat nach einer Beurteilung gemäß Artikel 19 Absatz 1 fest, dass ein elektrisches Betriebsmittel ein Risiko für die Gesundheit oder Sicherheit von Menschen oder Haus- und Nutztieren oder für Güter darstellt, obwohl es mit dieser Richtlinie übereinstimmt, fordert er den betreffenden Wirtschaftsakteur dazu auf, innerhalb einer von der Behörde vorgeschriebenen, der Art des Risikos angemessenen, vertretbaren Frist alle geeigneten Maßnahmen zu ergreifen, um sicherzustellen, dass das betreffende elektrische Betriebsmittel bei seinem Inverkehrbringen dieses Risiko nicht mehr aufweist oder dass es vom Markt genommen oder zurückgerufen wird. | neu |

| Bisherige Richtlinie 2006/95/EG | Neue Richtlinie 2014/35/EU | Kommentierung |
|---|---|---|
| | (2) Der Wirtschaftsakteur gewährleistet, dass die Korrekturmaßnahmen, die er ergreift, sich auf sämtliche betroffenen elektrischen Betriebsmittel erstrecken, die er in der Union auf dem Markt bereitgestellt hat. | *neu* |
| | (3) Der Mitgliedstaat unterrichtet unverzüglich die Kommission und die übrigen Mitgliedstaaten. Aus der Unterrichtung gehen alle verfügbaren Angaben hervor, insbesondere die Daten für die Identifizierung des betreffenden elektrischen Betriebsmittels, seine Herkunft, seine Lieferkette, die Art des Risikos sowie die Art und Dauer der ergriffenen nationalen Maßnahmen. | *neu* |
| | (4) Die Kommission konsultiert unverzüglich die Mitgliedstaaten und den/die betreffenden Wirtschaftsakteur(e) und nimmt eine Beurteilung der ergriffenen nationalen Maßnahmen vor. Anhand der Ergebnisse dieser Beurteilung entscheidet die Kommission im Wege von Durchführungsrechtsakten, ob die nationalen Maßnahmen gerechtfertigt sind oder nicht, und schlägt, falls erforderlich, geeignete Maßnahmen vor.<br><br>Die in Unterabsatz 1 des vorliegenden Absatzes genannten Durchführungsrechtsakte werden gemäß dem in Artikel 23 Absatz 2 genannten Prüfverfahren erlassen.<br><br>In hinreichend begründeten Fällen äußerster Dringlichkeit im Zusammenhang mit dem Schutz der menschlichen Gesundheit und Sicherheit oder dem Schutz von Haus- und Nutztieren oder Gütern erlässt die Kommission nach dem Verfahren gemäß Artikel 23 Absatz 3 sofort geltende Durchführungsrechtsakte. | *siehe Artikel 20* |
| | (5) Die Kommission richtet ihren Beschluss an alle Mitgliedstaaten und teilt ihn diesen und dem/den betreffenden Wirtschaftsakteur(en) unverzüglich mit. | |
| | **Artikel 22 Formale Nichtkonformität** | |
| | (1) Unbeschadet des Artikels 19 fordert ein Mitgliedstaat den betreffenden Wirtschaftsakteur dazu auf, die betreffende Nichtkonformität zu korrigieren, falls er einen der folgenden Fälle feststellt: | *neu – Klarstellung und Präzisierung bei Nichtkonformität* |

| Bisherige Richtlinie 2006/95/EG | Neue Richtlinie 2014/35/EU | Kommentierung |
|---|---|---|
| | a) die CE-Kennzeichnung wurde unter Nichteinhaltung von Artikel 30 der Verordnung (EG) Nr. 765/2008 oder von Artikel 17 dieser Richtlinie angebracht; | neu |
| | b) die CE-Kennzeichnung wurde nicht angebracht; | neu |
| | c) die EU-Konformitätserklärung wurde nicht ausgestellt; | neu |
| | d) die EU-Konformitätserklärung wurde nicht ordnungsgemäß ausgestellt; | neu |
| | e) die technischen Unterlagen sind entweder nicht verfügbar oder nicht vollständig; | neu |
| | f) die in Artikel 6 Absatz 6 oder Artikel 8 Absatz 3 genannten Angaben fehlen, sind falsch oder unvollständig; | neu |
| | g) eine andere Verwaltungsanforderung nach Artikel 6 oder Artikel 8 ist nicht erfüllt. | neu |
| | (2) Besteht die Nichtkonformität gemäß Absatz 1 weiter, so trifft der betroffene Mitgliedstaat alle geeigneten Maßnahmen, um die Bereitstellung des elektrischen Betriebsmittels auf dem Markt zu beschränken oder zu untersagen oder um sicherzustellen, dass es zurückgerufen oder vom Markt genommen wird. | neu |
| | **Artikel 23 Ausschussverfahren** | |
| | (1) Die Kommission wird von dem Ausschuss für elektrische Betriebsmittel unterstützt. Dabei handelt es sich um einen Ausschuss im Sinne der Verordnung (EU) Nr. 182/2011. | *Das Ausschussverfahren wird neu geregelt.*<br><br>*Die Bestimmungen über die Tätigkeit des Ausschusses für „elektrische Betriebsmittel" müssen an die in der Verordnung (EU) Nr. 182/2011 vom 16. Februar 2011 enthaltenen neuen Bestimmungen über sogenannte Durchführungsrechtsakte angepasst werden.* |
| | (2) Wird auf diesen Absatz Bezug genommen, so gilt Artikel 5 der Verordnung (EU) Nr. 182/2011. | neu |
| | (3) Wird auf diesen Absatz Bezug genommen, so gilt Artikel 8 in Verbindung mit Artikel 5 der Verordnung (EU) Nr. 182/2011. | neu |

| Bisherige Richtlinie 2006/95/EG | Neue Richtlinie 2014/35/EU | Kommentierung |
|---|---|---|
| | (4) Der Ausschuss wird von der Kommission zu allen Angelegenheiten konsultiert, für die die Konsultation von Experten des jeweiligen Sektors gemäß der Verordnung (EU) Nr. 1025/2012 oder einer anderen Rechtsvorschrift der Union erforderlich ist.<br><br>Der Ausschuss kann darüber hinaus jegliche anderen Angelegenheiten im Zusammenhang mit der Anwendung dieser Richtlinie prüfen, die im Einklang mit seiner Geschäftsordnung entweder von seinem Vorsitz oder von einem Vertreter eines Mitgliedstaats vorgelegt werden. | Neu – die Verordnung (EU) Nr. 1025/2012 enthält aufgrund von Artikel 11 ein Verfahren für Einwände gegen harmonisierte Normen, falls diese Normen den Anforderungen der vorliegenden Richtlinie nicht in vollem Umfang entsprechen.<br><br>Anmerkung: Hier gibt es aktuell einen Streit über den englischen Verordnungstext und die offizielle deutsche Übersetzung. Deutschland und Österreich haben gegenüber der Kommission erklärt, dass für sie ausschließlich der englische Text maßgeblich sei. Ob es hier zu einer Änderung kommt, ist noch nicht abzusehen. |
| | **Artikel 24 Sanktionen** | |
| | Die Mitgliedstaaten legen Regelungen für Sanktionen fest, die bei Verstößen von Wirtschaftsakteuren gegen die nach Maßgabe dieser Richtlinie erlassenen nationalen Rechtsvorschriften verhängt werden, und treffen die zu deren Durchsetzung erforderlichen Maßnahmen. Diese Regelungen können bei schweren Verstößen strafrechtliche Sanktionen vorsehen.<br><br>Die vorgesehenen Sanktionen müssen wirksam, verhältnismäßig und abschreckend sein. | Besonders wichtige Neuregelung – bisher enthielt die Richtlinie (EG) Nr. 2006/95 keinerlei Sanktionen für Hersteller und Bevollmächtigte. Die nationale Regelung wird diesbezüglich wahrscheinlich relativ hohe Bußgelder als Sanktionsinstrument vorsehen. |
| | **Artikel 25 Übergangsbestimmungen** | |
| | Die Mitgliedstaaten dürfen die Bereitstellung von elektrischen Betriebsmitteln auf dem Markt, die von der Richtlinie 2006/95/EG erfasst sind, dieser Richtlinie entsprechen und vor dem 20. April 2016 in Verkehr gebracht wurden, nicht behindern. | neu |
| Artikel 13 | **Artikel 26 Umsetzung** | |
| | (1) Die Mitgliedstaaten erlassen und veröffentlichen bis zum 19. April 2016 die erforderlichen Rechts- und Verwaltungsvorschriften, um Artikel 2, Artikel 3 Absatz 1, Artikel 4, den Artikeln 6 bis 12, Artikel 13 Absatz 1, den Artikeln 14 bis 25 sowie den Anhängen II, III und IV nachzukommen. Sie teilen der Kommission unverzüglich den Wortlaut dieser Vorschriften mit. | neu |

| Bisherige Richtlinie 2006/95/EG | Neue Richtlinie 2014/35/EU | Kommentierung |
|---|---|---|
| | Sie wenden diese Vorschriften ab dem 20. April 2016 an. Bei Erlass dieser Vorschriften nehmen die Mitgliedstaaten in den Vorschriften selbst oder durch einen Hinweis bei der amtlichen Veröffentlichung auf diese Richtlinie Bezug. In diese Vorschriften fügen sie die Erklärung ein, dass Bezugnahmen in den geltenden Rechts- und Verwaltungsvorschriften auf die durch die vorliegende Richtlinie aufgehobene Richtlinie als Bezugnahmen auf die vorliegende Richtlinie gelten. Die Mitgliedstaaten regeln die Einzelheiten dieser Bezugnahme und die Formulierung dieser Erklärung. | |
| Die Mitgliedstaaten teilen der Kommission den Wortlaut der wichtigsten innerstaatlichen Rechtsvorschriften mit, die sie auf dem unter diese Richtlinie fallenden Gebiet erlassen. | (2) Die Mitgliedstaaten teilen der Kommission den Wortlaut der wichtigsten nationalen Rechtsvorschriften mit, die sie auf dem unter diese Richtlinie fallenden Gebiet erlassen. | identisch |
| Artikel 14 | **Artikel 27 Aufhebung** | |
| Die Richtlinie 73/23/EWG wird unbeschadet der Verpflichtung der Mitgliedstaaten hinsichtlich der in Anhang V Teil B genannten Fristen für die Umsetzung in innerstaatliches Recht und für die Anwendung der Richtlinien aufgehoben. | Die Richtlinie 2006/95/EG wird unbeschadet der Verpflichtungen der Mitgliedstaaten hinsichtlich der Fristen für die Umsetzung in nationales Recht und der Zeitpunkte der Anwendung der Richtlinien gemäß Anhang V mit Wirkung vom 20. April 2016 aufgehoben. | im Grunde identisch |
| Verweisungen auf die aufgehobene Richtlinie gelten als Verweisungen auf die vorliegende Richtlinie und sind nach der Entsprechungstabelle in Anhang VI zu lesen. | Bezugnahmen auf die aufgehobene Richtlinie gelten als Bezugnahmen auf die vorliegende Richtlinie und sind nach Maßgabe der Entsprechungstabelle in Anhang VI zu lesen. | identisch |
| Artikel 15 | **Artikel 28 Inkrafttreten** | |
| Diese Richtlinie tritt am zwanzigsten Tag nach ihrer Veröffentlichung im Amtsblatt der Europäischen Union in Kraft. | Diese Richtlinie tritt am zwanzigsten Tag nach ihrer Veröffentlichung im Amtsblatt der Europäischen Union in Kraft. | identisch |
| | Die Artikel 1, Artikel 3 Absatz 2, Artikel 5, Artikel 13 Absätze 2 und 3 sowie die Anhänge I, V und VI gelten ab dem 20. April 2016. | neu |
| ANHANG I Wichtigste Angaben über die Sicherheitsziele für elektrische Betriebsmittel zur Verwendung innerhalb bestimmter Spannungsgrenzen | **ANHANG I** **WICHTIGSTE ANGABEN ÜBER DIE SICHERHEITSZIELE FÜR ELEKTRISCHE BETRIEBSMITTEL ZUR VERWENDUNG INNERHALB BESTIMMTER SPANNUNGSGRENZEN** | |

## Synoptische Kommentierung der neuen Niederspannungsrichtlinie | Kapitel 6

| Bisherige Richtlinie 2006/95/EG | Neue Richtlinie 2014/35/EU | Kommentierung |
|---|---|---|
| 1. Allgemeine Bedingungen | 1. Allgemeine Bedingungen | |
| a) Die wesentlichen Merkmale, von deren Kenntnis und Beachtung eine bestimmungsgemäße und gefahrlose Verwendung abhängt, sind auf den elektrischen Betriebsmitteln oder, falls dies nicht möglich ist, auf einem beigegebenen Hinweis angegeben. | a) Die wesentlichen Merkmale, von deren Kenntnis und Beachtung eine bestimmungsgemäße und gefahrlose Verwendung abhängt, sind auf den elektrischen Betriebsmitteln oder, falls dies nicht möglich ist, auf einem Begleitdokument angegeben. | *im Wesentlichen identisch trotz anderem Wortlaut (Begleithinweis – Begleitdokument)* |
| c) Die elektrischen Betriebsmittel sowie ihre Bestandteile sind so beschaffen, dass sie sicher und ordnungsgemäß verbunden oder angeschlossen werden können. | b) Die elektrischen Betriebsmittel sowie ihre Bestandteile sind so beschaffen, dass sie sicher und ordnungsgemäß verbunden oder angeschlossen werden können. | *identisch* |
| d) Die elektrischen Betriebsmittel sind so konzipiert und beschaffen, dass bei bestimmungsgemäßer Verwendung und ordnungsgemäßer Unterhaltung der Schutz vor den in den Nummern 2 und 3 aufgeführten Gefahren gewährleistet ist. | c) Die elektrischen Betriebsmittel sind so konzipiert und beschaffen, dass bei bestimmungsgemäßer Verwendung und angemessener Wartung der Schutz vor den in den Nummern 2 und 3 aufgeführten Gefahren gewährleistet ist. | *identisch* |
| 2. Schutz vor Gefahren, die von elektrischen Betriebsmitteln ausgehen können | 2. Schutz vor Gefahren, die von elektrischen Betriebsmitteln ausgehen können | *identisch* |
| Technische Maßnahmen sind gemäß Nummer 1 vorgesehen, damit: | Technische Maßnahmen sind gemäß Nummer 1 festzulegen, damit | |
| a) Menschen und Nutztiere angemessen vor den Gefahren einer Verletzung oder anderen Schäden geschützt sind, die durch direkte oder indirekte Berührung verursacht werden können; | a) Menschen und Haus- und Nutztiere angemessen vor den Gefahren einer Verletzung oder anderen Schäden geschützt sind, die durch direkte oder indirekte Berührung verursacht werden können; | *identisch (Haustiere sind dazugekommen)* |
| b) keine Temperaturen, Lichtbogen oder Strahlungen entstehen, aus denen sich Gefahren ergeben können; | b) keine Temperaturen, Lichtbogen oder Strahlungen entstehen, aus denen sich Gefahren ergeben können; | *identisch* |
| c) Menschen, Nutztiere und Sachen angemessen vor nicht elektrischen Gefahren geschützt werden, die erfahrungsgemäß von elektrischen Betriebsmitteln ausgehen; | c) Menschen, Haus- und Nutztiere und Güter angemessen vor nicht elektrischen Gefahren geschützt werden, die erfahrungsgemäß von elektrischen Betriebsmitteln ausgehen; | *identisch, aber Güter statt Sachen* |
| d) die Isolierung den vorgesehenen Beanspruchungen angemessen ist. | d) die Isolierung den vorgesehenen Beanspruchungen angemessen ist. | *identisch* |
| 3. Schutz vor Gefahren, die durch äußere Einwirkungen auf elektrische Betriebsmittel entstehen können | 3. Schutz vor Gefahren, die durch äußere Einwirkungen auf elektrische Betriebsmittel entstehen können | *identisch* |
| Technische Maßnahmen sind gemäß Nummer 1 vorgesehen, damit die elektrischen Betriebsmittel: | Technische Maßnahmen sind gemäß Nummer 1 festzulegen, damit die elektrischen Betriebsmittel | |

| Bisherige Richtlinie 2006/95/EG | Neue Richtlinie 2014/35/EU | Kommentierung |
|---|---|---|
| a) den vorgesehenen mechanischen Beanspruchungen so weit standhalten, dass Menschen, Nutztiere oder Sachen nicht gefährdet werden; | a) den vorgesehenen mechanischen Beanspruchungen so weit standhalten, dass Menschen, Haus- und Nutztiere oder Gütern nicht gefährdet werden; | *identisch (aber Haustiere, Sachen)* |
| b) unter den vorgesehenen Umgebungsbedingungen den nicht mechanischen Einwirkungen so weit standhalten, dass Menschen, Nutztiere oder Sachen nicht gefährdet werden; | b) unter den vorgesehenen Umgebungsbedingungen den nicht mechanischen Einwirkungen so weit standhalten, dass Menschen, Haus- und Nutztiere oder Güter nicht gefährdet werden; | *Identisch (aber Haustiere, Sachen)* |
| c) bei den vorgesehenen Überlastungen Menschen, Nutztiere oder Sachen in keiner Weise gefährden. | c) bei den vorhersehbaren Überlastungen Menschen, Haus- und Nutztiere oder Güter nicht gefährden. | *Identisch (aber Haustiere, Sachen)* |
| ANHANG II<br><br>Betriebsmittel und Bereiche, die nicht unter diese Richtlinie fallen | **ANHANG II**<br><br>**BETRIEBSMITTEL UND BEREICHE, DIE NICHT UNTER DIESE RICHTLINIE FALLEN** | |
| Elektrische Betriebsmittel zur Verwendung in explosibler Atmosphäre, | Elektrische Betriebsmittel zur Verwendung in explosionsfähiger Atmosphäre | *identisch* |
| Elektro-radiologische und elektromedizinische Betriebsmittel, | Elektro-radiologische und elektromedizinische Betriebsmittel | *identisch* |
| Elektrische Teile von Personen- und Lastenaufzügen, | Elektrische Teile von Personen- und Lastenaufzügen | *identisch* |
| Elektrizitätszähler, | Elektrizitätszähler | *identisch* |
| Haushaltssteckvorrichtungen, | Haushaltssteckvorrichtungen | *identisch* |
| Vorrichtungen zur Stromversorgung von elektrischen Weidezäunen, | Vorrichtungen zur Stromversorgung von elektrischen Weidezäunen | *identisch* |
| Funkentstörung, | Funkentstörung | *identisch* |
| Spezielle elektrische Betriebsmittel, die zur Verwendung auf Schiffen, in Flugzeugen oder in Eisenbahnen bestimmt sind und den Sicherheitsvorschriften internationaler Einrichtungen entsprechen, denen die Mitgliedstaaten angehören. | Spezielle elektrische Betriebsmittel, die zur Verwendung auf Schiffen, in Flugzeugen oder in Eisenbahnen bestimmt sind und den Sicherheitsbestimmungen internationaler Einrichtungen entsprechen, denen die Mitgliedstaaten angehören. | *identisch* |
| | Kunden- und anwendungsspezifisch angefertigte Erprobungsmodule, die von Fachleuten ausschließlich in Forschungs- und Entwicklungseinrichtungen für ebensolche Zwecke verwendet werden. | *neu* |
| ANHANG IV<br><br>Interne Fertigungskontrolle | **ANHANG III**<br><br>**MODUL A: Interne Fertigungskontrolle** | |

# Synoptische Kommentierung der neuen Niederspannungsrichtlinie | Kapitel 6

| Bisherige Richtlinie 2006/95/EG | Neue Richtlinie 2014/35/EU | Kommentierung |
|---|---|---|
| 1. Unter der internen Fertigungskontrolle versteht man das Verfahren, bei dem der Hersteller oder sein in der Gemeinschaft ansässiger Bevollmächtigter, der die Verpflichtungen nach Nummer 2 erfüllt, sicherstellt und erklärt, dass die elektrischen Betriebsmittel die für sie geltenden Anforderungen dieser Richtlinie erfüllen. Der Hersteller oder sein in der Gemeinschaft ansässiger Bevollmächtigter bringt an jedem Produkt die CE-Kennzeichnung an und stellt eine schriftliche Konformitätserklärung aus. | 1. Bei der internen Fertigungskontrolle handelt es sich um das Konformitätsbewertungsverfahren, mit dem der Hersteller die in den Nummern 2, 3 und 4 genannten Pflichten erfüllt sowie gewährleistet und auf eigene Verantwortung erklärt, dass die betreffenden elektrischen Betriebsmittel den auf sie anwendbaren Anforderungen dieser Richtlinie genügen. | *Laut Erwägungsgrund 20 sind im Beschluss Nr. 768/2008/EG eine Reihe von Modulen für Konformitätsbewertungsverfahren vorgesehen, die Verfahren unterschiedlicher Strenge, je nach der damit verbundenen Höhe des Risikos und dem geforderten Schutzniveau, umfassen. Im Sinne eines einheitlichen Vorgehens in allen Sektoren und zur Vermeidung von Ad-hoc-Varianten sollten die Konformitätsbewertungsverfahren unter diesen Modulen ausgewählt werden. Die Richtlinie 2014/35/EU wählt hier die interne Fertigungskontrolle.* |
| 2. Der Hersteller erstellt die unter Nummer 3 beschriebenen technischen Unterlagen; er oder sein in der Gemeinschaft ansässiger Bevollmächtigter halten diese im Gebiet der Gemeinschaft mindestens zehn Jahre lang nach Herstellung des letzten Produkts zur Einsichtnahme durch die nationalen Behörden bereit.<br><br>Sind weder der Hersteller noch sein Bevollmächtigter in der Gemeinschaft ansässig, so fällt diese Verpflichtung der Person zu, die für das Inverkehrbringen des Produkts auf dem Gemeinschaftsmarkt verantwortlich ist.<br><br>3. Die technischen Unterlagen müssen eine Bewertung der Übereinstimmung der elektrischen Betriebsmittel mit den Anforderungen der Richtlinie ermöglichen. Sie müssen in dem für diese Bewertung erforderlichen Maße Entwurf, Fertigung und Funktionsweise der elektrischen Betriebsmittel abdecken. Sie enthalten: | 2. Technische Unterlagen<br><br>Der Hersteller erstellt die technischen Unterlagen. Anhand dieser Unterlagen muss es möglich sein, die Übereinstimmung eines elektrischen Betriebsmittels mit den betreffenden Anforderungen zu bewerten; sie müssen eine geeignete Risikoanalyse und -bewertung enthalten.<br><br>In den technischen Unterlagen sind die anwendbaren Anforderungen aufzuführen und der Entwurf, die Herstellung und der Betrieb des elektrischen Betriebsmittels zu erfassen, soweit sie für die Bewertung von Belang sind. Die technischen Unterlagen enthalten gegebenenfalls zumindest folgende Elemente: | *Satz 1 (1. Halbsatz) identisch. Bezüglich der Risikoanalyse und -bewertung kann davon ausgegangen werden, dass eine ordnungsgemäße Risikobeurteilung nach Maßgabe der Maschinenrichtlinie 2006/42/EG sicherlich ausreicht.*<br><br>*Trotz unterschiedlichem Wortlaut im Wesentlichen identisch (Betrieb statt Funktionsweise).* |
| - eine allgemeine Beschreibung der elektrischen Betriebsmittel, | a) eine allgemeine Beschreibung des elektrischen Betriebsmittels; | *identisch* |
| - die Entwürfe, Fertigungszeichnungen und -pläne von Bauteilen, Montage-Untergruppen, Schaltkreisen usw., | b) Entwürfe, Fertigungszeichnungen und -pläne von Bauteilen, Baugruppen, Schaltkreisen usw.; | *identisch (Baugruppen statt Montage-Untergruppen)* |
| - die Beschreibungen und Erläuterungen, die zum Verständnis der genannten Zeichnungen und Pläne sowie der Funktionsweise der elektrischen Betriebsmittel erforderlich sind, | c) die Beschreibungen und Erläuterungen, die zum Verständnis der genannten Zeichnungen und Pläne sowie der Funktionsweise des elektrischen Betriebsmittels erforderlich sind; | *identisch* |

| Bisherige Richtlinie 2006/95/EG | Neue Richtlinie 2014/35/EU | Kommentierung |
|---|---|---|
| - eine Liste der ganz oder teilweise angewandten Normen sowie eine Beschreibung der zur Erfüllung der Sicherheitsaspekte dieser Richtlinie gewählten Lösungen, soweit Normen nicht angewandt worden sind, | d) eine Aufstellung, welche harmonisierten Normen, deren Fundstellen im Amtsblatt der Europäischen Union veröffentlicht wurden, oder welche in Artikel 13 und 14 genannten internationalen oder nationalen Normen vollständig oder in Teilen angewandt worden sind, und, wenn diese harmonisierten Normen bzw. internationalen oder nationalen Normen nicht angewandt wurden, eine Beschreibung, mit welchen Lösungen den Sicherheitszielen dieser Richtlinie entsprochen wurde, einschließlich einer Aufstellung, welche anderen einschlägigen technischen Spezifikationen angewandt worden sind. Im Fall der teilweisen Anwendung von harmonisierten Normen bzw. von in Artikel 13 und 14 genannten internationalen oder nationalen Normen ist in den technischen Unterlagen anzugeben, welche Teile angewandt wurden; | *Präzisierung und Klarstellung. Künftig muss auch eine Aufstellung, welche anderen einschlägigen technischen Spezifikationen angewandt worden sind, beigefügt werden.* |
| - die Ergebnisse der Konstruktionsberechnungen, Prüfungen usw., | e) die Ergebnisse der Konstruktionsberechnungen, Prüfungen usw. sowie | *identisch* |
| - die Prüfberichte. | f) die Prüfberichte. | *identisch* |
| | 3. Herstellung<br><br>Der Hersteller trifft alle erforderlichen Maßnahmen, damit der Fertigungsprozess und seine Überwachung die Konformität der hergestellten elektrischen Betriebsmittel mit den in Nummer 2 genannten technischen Unterlagen und mit den für sie geltenden Anforderungen dieser Richtlinie gewährleisten. | *neu* |
| | 4. CE-Kennzeichnung und EU-Konformitätserklärung<br><br>4.1. Der Hersteller bringt die CE-Kennzeichnung an jedem einzelnen elektrischen Betriebsmittel an, das den geltenden Anforderungen dieser Richtlinie entspricht.<br><br>4.2. Der Hersteller stellt für ein Produktmodell eine schriftliche EU-Konformitätserklärung aus und hält sie zusammen mit den technischen Unterlagen zehn Jahre ab dem Inverkehrbringen des elektrischen Betriebsmittels für die nationalen Marktüberwachungsbehörden bereit. Aus der EU-Konformitätserklärung muss hervorgehen, für welches elektrische Betriebsmittel sie ausgestellt wurde.<br><br>Eine Kopie der EU-Konformitätserklärung wird den zuständigen Marktüberwachungsbehörden auf Verlangen zur Verfügung gestellt. | *neu aufgrund Verordnung (EG) Nr. 765/2008* |

Synoptische Kommentierung der neuen Niederspannungsrichtlinie | **Kapitel 6**

| Bisherige Richtlinie 2006/95/EG | Neue Richtlinie 2014/35/EU | Kommentierung |
|---|---|---|
| | 5. Bevollmächtigter<br><br>Die unter Nummer 4 genannten Pflichten des Herstellers können von seinem Bevollmächtigten in seinem Auftrag und unter seiner Verantwortung erfüllt werden, falls sie im Auftrag festgelegt sind. | |
| Anhang III B<br><br>EG-Konformitätserklärung | **ANHANG IV**<br><br>**EU-KONFORMITÄTSERKLÄRUNG (Nr. XXXX)** | |
| | 1. Produktmodell/Produkt (Produkt-, Chargen-, Typen- oder Seriennummer): | *Klarstellung und Präzisierung* |
| - Name und Anschrift des Herstellers oder seines in der Gemeinschaft ansässigen Bevollmächtigten, | 2. Name und Anschrift des Herstellers oder seines Bevollmächtigten: | |
| - Identität des vom Hersteller oder seinem in der Gemeinschaft ansässigen Bevollmächtigten beauftragten Unterzeichners, | 3. Die alleinige Verantwortung für die Ausstellung dieser Konformitätserklärung trägt der Hersteller. | *neu* |
| - Beschreibung der elektrischen Betriebsmittel, | 4. Gegenstand der Erklärung (Bezeichnung des elektrischen Betriebsmittels zwecks Rückverfolgbarkeit; sie kann eine hinreichend deutliche Farbabbildung enthalten, wenn dies zur Identifikation des elektrischen Betriebsmittels notwendig ist.): | *Klarstellung und Präzisierung* |
| | 5. Der oben beschriebene Gegenstand der Erklärung erfüllt die einschlägigen Harmonisierungsrechtsvorschriften der Union: | *neu* |
| - Bezugnahme auf die harmonisierten Normen,<br><br>- gegebenenfalls Bezugnahme auf die Spezifikationen, die der Konformität zugrunde liegen. | 6. Angabe der einschlägigen harmonisierten Normen, die zugrunde gelegt wurden, oder Angabe der anderen technischen Spezifikationen, in Bezug auf die die Konformität erklärt wird: | *trotz unterschiedlichem Wortlaut im Wesentlichen identisch* |
| | 7. Zusatzangaben:<br><br>Unterzeichnet für und im Namen von:<br><br>(Ort und Datum der Ausstellung):<br><br>(Name, Funktion) (Unterschrift): | *Klarstellung und Präzisierung* |

Auf eine synoptische Gegenüberstellung der Anhänge V und VI wurde verzichtet, da sie rein rechtstechnischer Natur sind.

# 7 Die Niederspannungsrichtlinie aus Sicht der Normungsorganisationen – Interview mit Dr. Gerhard Imgrund (VDE)

**Dr. Gerhard Imgrund**
DKE Deutsche Kommission Elektrotechnik
Elektronik Informationstechnik im DIN und VDE
Fachbereich 3
Kompetenzzentrum Konformitätsbewertung

**Frage:** Im Zuge des Alignment Package wurde Ende März die Niederspannungsrichtlinie neu gefasst. Die Richtlinie muss bis April 2016 ins deutsche Recht umgesetzt werden. Können Sie als Normungsorganisation mit dem Richtlinienwerk zufrieden sein?

**Dr. Imgrund:** Aus Sicht der Normung sind wir mit der neuen EU-Niederspannungsrichtlinie zufrieden. Durch die Anpassung an die Neue Konzeption bzw. den neuen Rechtsrahmen (NLF) haben sich folgende vorhersehbaren Änderungen ergeben:

- Normen müssen zukünftig unter einem Einzelmandat erstellt werden. Bisher hatten wir ein Generalmandat, das in der Richtlinie selbst beschrieben war.

- Zudem werden die Normen von einem CEN/CENELEC-Consultant geprüft werden, ob die Festlegungen in der Norm die Schutzziele der EU-Niederspannungsrichtlinie hinreichend konkretisieren.

- Des Weiteren werden wir einen Anhang ZZ in die harmonisierten Normen zur Information darüber aufnehmen, welche Schutzziele der EU-Niederspannungsrichtlinie durch die jeweilige Norm konkretisiert werden. Der Umfang dieses Anhangs ZZ ist noch mit der Europäischen Kommission zu klären. Mit dem neuen Mandat M/511 wurde jedoch festgelegt, dass die derzeit im Amtsblatt der EU unter der EU-Niederspannungsrichtlinie gelisteten Normen weiterhin Vermutungswirkung haben und die vorstehend beschriebenen neuen administrativen Änderungen erst mit der Überarbeitung bestehender oder dem Erstellen neuer harmonisierter Normen greifen.

**Frage:** Welche Auswirkungen werden die Neuregelungen auf die Normung bzw. Hersteller, Händler und Inverkehrbringer haben?

**Dr. Imgrund:** Die Auswirkungen auf die Normung wurden bereits vorstehend beschrieben. Für den Hersteller stellt die Anpassung der EU-Niederspannungsrichtlinie auch eine Vereinfachung dar, da nun die einzuhaltenden EU-Richtlinien nach einem Muster „gestrickt" sind und die Konformitätsbewertungsverfahren vereinheitlicht wurden. Geändert hat sich das Schutzklauselverfahren. Während früher eine harmonisierte Norm nur in Verbindung mit einem gefährlichen Produkt angezweifelt werden konnte, können nun die Mitgliedstaaten und das Europäische Parlament eine harmonisierte Norm von der Aktenlage her anzweifeln.

**Frage:** Welche Punkte sehen Sie aus VDE-Sicht kritisch?

**Dr. Imgrund:** Aus Sicht des VDE gibt es keine besonders kritischen Punkte.

**Frage:** Was können sie den Herstellern und Händlern empfehlen?

**Dr. Imgrund:** Hersteller bzw. die Händler müssen sich auf jeden Fall mit der neuen EU-Niederspannungsrichtlinie vertraut machen, damit z.B. die Technische Dokumentation und die CE-Konformitätserklärung den neuen Anforderungen entsprechen.

**Frage:** Bestandteil der Richtlinie bezüglich der technischen Unterlagen ist eine Risikoanalyse bzw. -beurteilung, ohne dass diese genauer definiert werden. Welche Vorgehensweise halten Sie für richtig?

**Dr. Imgrund:** Die Risikoanalyse ist und war schon jeher in der Normung tief verankert. Unsere Normen entstehen vorzugsweise bei der IEC auf internationaler Ebene und werden im Dresdener Agreement zeitgleich bei IEC und CENELEC der parallelen Abstimmung unterzogen. Bei der Erarbeitung der Normen müssen die Technischen Komitees der IEC den ISO/IEC Guide 51 anwenden, der die systematische Risikobeurteilung beschreibt.

**Frage:** Rechnen Sie in Zukunft noch mit weiteren Maßnahmen der Kommission bezüglich der Produktsicherheit elektrischer Betriebsmittel?

**Dr. Imgrund:** Derzeit scheint alles abgedeckt zu sein. Neben der klassischen Sicherheit sind bereits jetzt Umweltschutz und Energieeffizienz durch europäische Gesetze geregelt.

## 8 EMV- und Niederspannungsrichtlinie aus Sicht der Industrie

**Interview mit Haimo Huhle vom ZVEI**

**Haimo Huhle**

ZVEI – Zentralverband Elektrotechnik- und Elektronikindustrie e.V.
Leiter der Abteilung Technisches Recht und Standardisierung

**Frage:** Im Zuge des Alignment Package wurden Ende März u.a. die EMV-Richtlinie und die Niederspannungsrichtlinie neu gefasst. Die Richtlinien müssen bis 2016 ins deutsche Recht umgesetzt werden. Können Sie, bzw. Ihre Mitgliedsunternehmen, mit dem Richtlinienwerk zufrieden sein?

**Huhle:** Der europäische Gesetzgeber hat mit dem revidierten New Approach, dem sogenannten New Legislative Framework (NLF), ein weitgehend zielführendes Gesetzeswerk vorgelegt. Zu begrüßen sind die genauer gefassten Verpflichtungen der Mitgliedstaaten, eine bessere und effizientere Marktüberwachung durchzuführen. Auch die stärkere Verpflichtung von Importeuren, sicherzustellen, dass Produkte aus Drittstaaten geeignet für den europäischen Markt sind, wird begrüßt.

Positiver Fakt ist, dass die technischen Produktanforderungen und die Geltungsbereiche der Richtlinien nicht geändert wurden. Die Änderungen betreffen das „organisatorische" Umfeld: Identifizierung von Produkt und Hersteller, Handhabung von Normen, Maßnahmen bei Nichtkonformität. Daher muss nicht jeder der neuen Artikel zu einer Änderung im Unternehmensalltag führen. Viele der Artikel bestätigen die gelebte Praxis. Die neuen Anforderungen gelten verpflichtend ab dem 20. April 2016.

Die Richtlinien enthalten aber keine Angaben darüber, wie in der Übergangszeit mit den neuen Richtliniennummern in den Konformitätserklärungen verfahren werden kann. Da ein scharfer Übergang zum Stichtag für die Hersteller nicht praktikabel ist, wird die Elektroindustrie hierzu eine Einigung mit der Europäischen Kommission anstreben.

**Zur EMV-Richtlinie:** Viele der administrativen Anforderungen aus dem NLF, wie die Angabe der Herstelleradresse, eine genaue Kennzeichnung zur Identifizierung des Produkts und das Beilegen einer Bedienungsanleitung, waren schon in der „alten" (d.h. aktuell gültigen) EMV-Richtlinie enthalten.

**Zur Niederspannungsrichtlinie:** Die oben genannten Anforderungen aus dem NLF sind die gleichen wie in der EMV-Richtlinie. Für die Hersteller von Verbraucherprodukten, z.B. Hausgeräten, ändert sich dadurch nichts, auch wenn diese Anforderungen nicht in der noch gültigen Niederspannungsrichtlinie enthalten sind. Über die Allgemeine Produktsicherheitsrichtlinie sind sie bereits lange Praxis. Die Hersteller von ausschließlich industriell genutzten elektrischen und elektronischen Geräten müssen hier ggf. nachbessern.

**Frage:** Welche Auswirkungen werden die Neuregelungen auf die deutsche Elektroindustrie haben?

**Huhle:** Die Auswirkungen sind – wie oft bei neuer Gesetzgebung – eher administrativer als grundlegend technischer Art. Es wird also wieder ein Stück mehr Bürokratie eingeführt, dessen Aufwand sich aber in Grenzen hält. Gerade durch die Verpflichtungen, die Produkte besser rückverfolgbar zu machen, wird den Behörden die Marktüberwachung erleichtert. Dadurch, durch eine bessere Verteilung der Produktverantwortung auf alle Wirtschaftsakteure sowie eine einheitlichere „Handhabung" der übergreifend geltenden Anforderungen, ist im Gegenzug mit mehr Rechtssicherheit zu rechnen.

Der größte Aufwand dürfte nach aktueller Einschätzung die Umstellung der Dokumentation sein, angefangen bei der Ausstellung neuer Konformitätserklärungen mit neuen Richtliniennummern. Da sich die technischen Produktanforderungen (bis auf die Kennzeichnungspflichten) nicht geändert haben, sind auch keine außerordentlichen Produktanpassungen notwendig. Die Anpassung an den technischen Fortschritt erfolgt wie bisher auch, z.B. durch die Anwendung geänderter Normen.

**Zur EMV-Richtlinie:** Bei den Konformitätsbewertungsverfahren bleibt weiterhin die Wahlfreiheit zwischen der „Herstellerselbsterklärung", der sogenannten internen Fertigungskontrolle und der Einschaltung einer benannten Stelle. In der neuen EMV-Richtlinie wird dieses Verfahren als EU-Baumusterprüfung bezeichnet, ist aber explizit **keine Produktprüfung**, sondern wie bisher eine Prüfung der technischen Unterlagen.

**Zur Niederspannungsrichtlinie:** Die „alte" Niederspannungsrichtlinie sieht die Möglichkeit vor, Gutachterstellen anzurufen, wenn die Marktüberwachung einem Produkt einen Sicherheitsmangel unterstellt. Diese Möglichkeit gibt es in der neuen Richtlinie nicht mehr. Allerdings wurde das Verfahren nach unserer Kenntnis auch nur selten genutzt. Die Normung unter der neuen Richtlinie folgt nun den allgemeinen Vorgaben für den New Approach; die Normen entfalten ihre Vermutungswirkung erst nach Veröffentlichung ihrer Titel im Amtsblatt der EU.

Aber auch hier sind die praktischen Auswirkungen aus jetziger Sicht gering, da es sich im Wesentlichen um eine Frage des Zeitpunkts bis zum Eintritt der Vermutungswirkung handelt. Die Anwendung neuer Normen war und ist auch schon vor ihrer Listung im Amtsblatt möglich.

**Frage:** Welche Punkte sehen Sie aus Verbandssicht kritisch?

**Huhle:** Zwei Themen – wie erwartet aus dem Bereich der Dokumentationsanforderungen – haben uns intensiv beschäftigt und tun es zum Teil immer noch. Zum einen **die Frage nach der „einzigen" Konformitätserklärung**, in der für ein Produkt alle Richtlinien und alle technischen Normen in **einem** Dokument zu nennen sind. Dies führt bei komplexen Produkten unter mehreren Richtlinien zu einem erheblichen Änderungsaufwand, weil jeder neue Normenstand in die Erklärung eingearbeitet werden muss. Durch den neuen „Blue Guide", den Leitfaden zur Richtlinienanwendung, ist jetzt klargestellt, dass auch ein Dossier, eine Akte zulässig ist, die die einzelnen Erklärungen bündelt.

## EMV- und Niederspannungsrichtlinie aus Sicht der Industrie | Kapitel 8

Das andere Thema ist aktuell in heftiger Diskussion und es wurde nicht durch die Richtlinien selbst, sondern durch den Blue Guide aufgebracht. Diesem Leitfaden zufolge wird **bereits das Anbieten eines Produkts in Katalog oder Internet als Inverkehrbringen** betrachtet. Mit der Konsequenz, dass die gesetzlichen Anforderungen bereits zu diesem Zeitpunkt – also wenn das Produkt überhaupt noch nicht den Einflussbereich des Herstellers verlassen hat – gelten.

Das ist eine unverständliche und in der Praxis undurchführbare Abkehr von der bisherigen Praxis und von der Gesetzeslage, gegen die die Elektroindustrie im Schulterschluss mit anderen Branchen vorgeht. Eine Entscheidung liegt noch nicht auf dem Tisch.

**Frage:** Was können sie den Herstellern empfehlen?

**Huhle:** Auch wenn die Übergangszeit bis April 2016 lang erscheint, sollte ausreichend Vorlauf für ggf. erforderliche Produktänderungen und Anpassung der Dokumentation eingeplant werden. Der Stichtag ist schneller da, als man denkt. Zu allererst ist den Herstellern zu empfehlen, bereits jetzt zu analysieren, wo und an welchen Stellen sie Änderungsbedarf haben.

Weiter sollten die Hersteller die weiteren Entwicklungen beobachten, denn eine Reihe von Fragen – wie oben beispielhaft genannt – sind noch nicht abschließend geklärt. Dabei unterstützen wir als Verband der Elektroindustrie unsere Hersteller durch laufende Information in Newslettern und Seminaren.

**Frage:** Bestandteil beider Richtlinien bezüglich der technischen Unterlagen ist eine Risikoanalyse bzw. -beurteilung, ohne dass diese genauer definiert werden. Welche Vorgehensweise halten Sie für richtig?

**Huhle:** In beiden Richtlinien bestand die uneingeschränkte Bestimmung, eine Risikoanalyse durchzuführen, bisher nicht. Auch hier ist der Gesetzgeber etwas „übereifrig" gewesen. Das Instrument Risikoanalyse ist sinnvoll und berechtigt, aber nur dort, wo keine ausreichend präzisierten Anforderungen vorliegen. Das Wesen und den großen Vorteil des New Approach bzw. des New Legislative Framework machen die Verweise auf europäische Normen aus.

Sie präzisieren die oft abstrakt gehaltenen gesetzlichen Anforderungen aus den Richtlinien so weit, dass der Konstrukteur dazu technische Lösungen entwerfen kann. Konsequenterweise erläutert der neue Blue Guide, dass keine zusätzliche Risikobewertung durchgeführt werden muss, wenn harmonisierte Normen eingehalten werden, die auf Basis einer Risikoanalyse erstellt wurden.

Und davon wiederum darf man ausgehen, weil die elektrotechnischen Normen auf Basis des ISO/IEC Guides 51 erarbeitet werden, der von den Technischen Komitees eine Risikoanalyse bei der Normenerstellung fordert.

**Zur EMV-Richtlinie:** Bei der EMV-Richtlinie wäre richtigerweise von einer EMV-Analyse zu sprechen, weil ein Risiko im engeren Sinne nicht vorliegt. Die EMV-Richtlinie regelt keine Sicherheitsanforderungen! Diese EMV-Analyse war schon Bestandteil der alten EMV-Richtlinie – nämlich dann, wenn keine Normen angewandt wurden.

**Zur Niederspannungsrichtlinie:** Auch hier gilt grundsätzlich, dass die europäischen Normen alle Risiken eines Produkts abdecken. Wenn dies nicht der Fall ist – siehe z.B. die Auffassung von Europäischer Kommission und Marktüberwachungsbehörden zu den heißen Oberflächen von Hausgeräten – muss der Hersteller ggf. für spezielle Aspekte seines Produkts eine Risikoanalyse durchführen.

Nach unserer Auffassung gibt es hierzu eine Reihe geeigneter Methoden; eine strikte Anwendung der Maschinensicherheitsnorm EN 12100, wie gelegentlich in Veröffentlichungen empfohlen, halten wir nicht für erforderlich. Damit würde in vielen Fällen mit Kanonen auf Spatzen geschossen.

**Frage:** Rechnen Sie in Zukunft noch mit weiteren Maßnahmen der Kommission bezüglich der Produktsicherheit?

**Huhle:** Ich denke, diese Frage beantwortet sich von selbst. Die Anforderungen an die Produktsicherheit werden ständig höher. Zum einen liegt das am **technischen Fortschritt**, mit dem auch ein wachsendes gesellschaftliches Risikobewusstsein einhergeht. Zum anderen ist es **Auftrag des Gesetzgebers, die Menschen zu schützen**, wozu auch der Schutz vor technischen Gefährdungen aus Produkten gehört. Unsere Aufgabe als Verband ist, dem Gesetzgeber die Restriktionen auf Herstellerseite, die technische Machbarkeit und die Beachtung der Verhältnismäßigkeit bewusst zu machen.

Ziel ist eine Gesetzgebung, die den Menschen schützt und dabei praktikabel bleibt.

# Fazit

Auch wenn die EMV- und die Niederspannungsrichtlinie erst im April 2016 in Kraft treten, tun Sie als Hersteller, aber auch als Händler und Inverkehrbringer gut daran, sich möglichst frühzeitig mit den beiden Richtlinien zu beschäftigen. Die Angleichung der Vorgaben an das NLF ist im Ganzen gesehen richtig und wichtig, tatsächlich entstehende Vereinfachungen und mehr Praktikabilität dürften die Folge sein.

Es darf aber auch nicht verhehlt werden, dass die Neuregelungen selbst wiederum etliche eigenständige Fragen und Anforderungen aufwerfen werden, die Ausführungen im Interview des ZVEI zu den künftigen Dokumentationsanforderungen weisen hier nicht umsonst daraufhin. Es ist daher mehr als sinnvoll, die Richtlinien 2014/30/EU und 2014/35/EU im Detail auf die jeweilige Relevanz für eigene Produkte oder Prozesse zu analysieren und auch bisher etablierte Prozesse auf Vollständigkeit zu überprüfen.

Ebenso sollte eine Anpassung der betroffenen Konformitätserklärungen und weiteren Dokumentationen vorbereitet werden. Die gesetzgeberische und gerichtliche Entwicklung (inklusive der Normenfortschreibung) im Bereich der Produktsicherheit und der elektromagnetischen Verträglichkeit wird schon aufgrund des technischen Fortschritts ganz sicher nicht zum Stillstand kommen – eine rechtzeitige Kenntnis über die entsprechenden Veränderungen ist für jeden Wirtschaftsakteur auf diesem Gebiet unverzichtbar.

Wir werden Sie im Rahmen der WEKA-Publikationen darüber selbstverständlich frühzeitig und umfassend auf dem Laufenden halten.

# Fazit

# Gesetz über die elektromagnetische Verträglichkeit von Betriebsmitteln (EMVG)

EMVG
Ausfertigungsdatum: 26.02.2008

Vollzitat:
"Gesetz über die elektromagnetische Verträglichkeit von Betriebsmitteln vom 26. Februar 2008 (BGBl. I S. 220),
das zuletzt durch Artikel 4 Absatz 119 des Gesetzes vom 7. August 2013 (BGBl. I S. 3154) geändert worden ist"

**Stand:** Zuletzt geändert durch Art. 4 Abs. 119 G v. 7.8.2013 I 3154

*) Dieses Gesetz dient der Umsetzung der Richtlinie 2004/108/EG des Europäischen Parlaments und des Rates vom 15. Dezember 2004 zur Angleichung der Rechtsvorschriften der Mitgliedstaaten über die elektromagnetische Verträglichkeit und zur Aufhebung der Richtlinie 89/336/EWG (ABl. EU Nr. L 390 S. 24).

**Fußnote**
(+++ Textnachweis ab: 1.3.2008 +++)
(+++ Amtlicher Hinweis des Normgebers auf EG-Recht:
Umsetzung der EGRL 108/2004 (CELEX Nr: 304L0108) +++)

## Inhaltsübersicht

**Abschnitt 1**
**Anforderungen an Betriebsmittel**

- § 1    Anwendungsbereich
- § 2    Ausnahmen
- § 3    Begriffsbestimmungen
- § 4    Grundlegende Anforderungen
- § 5    Vermutungswirkung
- § 6    Inverkehrbringen, Inbetriebnahme und Betrieb
- § 7    Konformitätsbewertungsverfahren für Geräte
- § 8    CE-Kennzeichnung
- § 9    Sonstige Kennzeichen und Informationen
- § 10   Benannte Stellen
- § 11   Besondere Regelungen
- § 12   Ortsfeste Anlagen

**Abschnitt 2**
**Marktaufsicht der Bundesnetzagentur**

- § 13   Aufgaben und Zuständigkeiten der Bundesnetzagentur
- § 14   Befugnisse der Bundesnetzagentur
- § 15   Auskunfts- und Beteiligungspflicht
- § 16   Zwangsgeld
- § 17   Gebühren- und Auslagenregelung
- § 18   Vorverfahren
- § 19   Beitragsregelung

**Abschnitt 3**
**Bußgeldvorschriften**

§ 20 Bußgeldvorschriften

**Abschnitt 4**
**Schlussbestimmungen**

§ 21 Übergangsbestimmungen
§ 22 Aufhebung und Änderungen von Rechtsvorschriften
§ 23 Neufassung der Beleihungs- und Anerkennungs-Verordnung
§ 24 I Inkrafttreten, Außerkrafttreten
Anlage 1 Technische Unterlagen, EG-Konformitätserklärung
Anlage 2 CE-Kennzeichnung

# Abschnitt 1
# Anforderungen an Betriebsmittel

## § 1 Anwendungsbereich

(1) Dieses Gesetz gilt für alle Betriebsmittel, die elektromagnetische Störungen verursachen können oder deren Betrieb durch elektromagnetische Störungen beeinträchtigt werden kann.

(2) Unberührt bleiben

1. die Vorschriften des Geräte- und Produktsicherheitsgesetzes,

2. die Rechtsvorschriften, die das Inverkehrbringen, die Weitergabe, die Ausstellung, die Inbetriebnahme und den Betrieb von Betriebsmitteln regeln, und

3. die eisenbahnrechtlichen Vorschriften über Anforderungen an Geräte sowie über die Prüfung, Zulassung und Überwachung von Geräten zur Gewährleistung eines sicheren Eisenbahnbetriebs.

## § 2 Ausnahmen

(1) Dieses Gesetz gilt nicht für:

1. Betriebsmittel, die vom Gesetz über Funkanlagen und Telekommunikationsendeinrichtungen erfasst werden,

2. luftfahrttechnische Erzeugnisse, Teile und Ausrüstungen nach der Verordnung (EG) Nr. 1592/2002 des Europäischen Parlaments und des Rates vom 15. Juli 2002 zur Festlegung gemeinsamer Vorschriften für die Zivilluftfahrt und zur Errichtung einer Europäischen Agentur für Flugsicherheit (ABl. EG Nr. L 240 S. 1), zuletzt geändert durch Verordnung (EG) Nr. 1701/2003 der Kommission vom 24. September 2003 (ABl. EU Nr. L 243 S. 5),

3. Betriebsmittel, die aufgrund ihrer physikalischen Eigenschaften
a) eine so niedrige elektromagnetische Emission haben oder in so geringem Umfang zur elektromagnetischen Emission beitragen, dass ein bestimmungsgemäßer Betrieb von Funk- und Telekommunikationsgeräten und sonstigen Betriebsmitteln möglich ist,
b) und die unter Einfluss der bei ihrem Einsatz üblichen elektromagnetischen Störungen ohne unzumutbare Beeinträchtigung betrieben werden können,

4. Funkgeräte und Bausätze, die von Funkamateuren nach § 2 Nr. 1 des Amateurfunkgesetzes zusammengebaut werden, und handelsübliche Geräte, die von Funkamateuren zur Nutzung durchFunkamateure umgebaut werden,

5. Betriebsmittel, die ausschließlich zur Erfüllung militärischer zwischenstaatlicher Verpflichtungen oder ihrer Bauart nach zur Verwendung für Zwecke der Verteidigung bestimmt sind oder die für die Verfolgung von Straftaten und Ordnungswidrigkeiten oder für die öffentliche Sicherheit eingesetzt werden.

(2) Entsprechend gelten jedoch

1. im Fall des Satzes 1 Nummer 1 die §§ 14 bis 19,
2. in den Fällen des Satzes 1 Nummer 2, 3 und 5 der § 14 Absatz 6 bis 12 und die §§ 15 bis 17 sowie
3. im Fall des Satzes 1 Nummer 4 der § 14 Absatz 6 bis 12 und die §§ 15 bis 19.

## § 3 Begriffsbestimmungen

Im Sinne dieses Gesetzes

1. sind Betriebsmittel Geräte und ortsfeste Anlagen;
2. ist Gerät
   a) ein für den Endnutzer bestimmtes fertiges Produkt mit einer eigenständigen Funktion oder eine als Funktionseinheit in den Handel gebrachte Verbindung solcher Produkte, das oder die elektromagnetische Störungen verursachen kann oder können oder dessen oder deren Betrieb durch elektromagnetische Störungen beeinträchtigt werden kann,
   b) ein Bauteil oder eine Baugruppe, die jeweils dazu bestimmt sind, vom Endnutzer in ein Gerät eingebaut zu werden, und die elektromagnetische Störungen verursachen können oder deren Betrieb durch elektromagnetische Störungen beeinträchtigt werden kann,
   c) ein serienmäßig vorbereiteter Baukasten, der nach der Montage eine eigenständige Funktion erfüllt und elektromagnetische Störungen verursachen kann,
   d) eine bewegliche Anlage in Form einer Verbindung von Geräten oder weiteren Einrichtungen, die für den Betrieb an verschiedenen Orten bestimmt ist;
3. ist ortsfeste Anlage eine besondere Verbindung von Geräten unterschiedlicher Art oder weiteren Einrichtungen mit dem Zweck, auf Dauer an einem vorbestimmten Ort betrieben zu werden;
4. ist elektromagnetische Verträglichkeit die Fähigkeit eines Betriebsmittels, in seiner elektromagnetischen Umgebung zufriedenstellend zu arbeiten, ohne elektromagnetische Störungen zu verursachen, die für andere in dieser Umgebung vorhandene Betriebsmittel unannehmbar wären;
5. ist elektromagnetische Störung jede elektromagnetische Erscheinung, die die Funktion eines Betriebsmittels beeinträchtigen könnte; eine elektromagnetische Störung kann ein elektromagnetisches Rauschen, ein unerwünschtes Signal oder eine Veränderung des Ausbreitungsmediums sein;
6. ist Störfestigkeit die Fähigkeit eines Betriebsmittels, unter Einfluss einer elektromagnetischen Störung ohne Funktionsbeeinträchtigung zu arbeiten;
7. ist elektromagnetische Umgebung die Summe aller elektromagnetischen Erscheinungen, die an einem bestimmten Ort festgestellt werden kann;
8. ist Hersteller diejenige natürliche oder juristische Person oder rechtsfähige Personengesellschaft, die für den Entwurf oder die Fertigung eines Gerätes verantwortlich ist oder die sich durch die Ausstellung einer Konformitätserklärung im eigenen Namen oder das Anbringen ihres Namens, ihrer Marke oder eines anderen unterschei-

dungskräftigen Kennzeichens als Hersteller ausgibt; Hersteller ist auch, wer aus bereits gefertigten Endprodukten ein neues Gerät herstellt oder wer ein Gerät verändert, umbaut oder anpasst;

9. ist Inverkehrbringen das erstmalige Bereitstellen eines Gerätes im Markt der Mitgliedstaaten der Europäischen Union und der anderen Vertragsstaaten des Abkommens über den Europäischen Wirtschaftsraum zum Zwecke seines Vertriebs oder seines Betriebs auf dem Gebiet eines dieser Staaten; das Inverkehrbringen bezieht sich dabei auf jedes einzelne Gerät, unabhängig vom Fertigungszeitpunkt und -ort und davon, ob es in Einzel- oder Serienfertigung hergestellt wurde; Inverkehrbringen ist nicht das Aufstellen und Vorführen eines Gerätes auf Ausstellungen und Messen;

10. ist Senderbetreiber derjenige, dem zum Betreiben von Sendefunkgeräten oder Funknetzen Frequenzen zugeteilt sind;

11. sind allgemein anerkannte Regeln der Technik technische Festlegungen für Verfahren, Einrichtungen und Betriebsweisen, die nach herrschender Auffassung der beteiligten Kreise geeignet sind, die elektromagnetische Verträglichkeit zu gewährleisten, und die sich in der Praxis bewährt haben;

12. ist harmonisierte Norm eine von einer anerkannten Normenorganisation im Rahmen eines Auftrags der Kommission zur Erstellung einer europäischen Norm nach dem Verfahren der Richtlinie 98/34/EG des Europäischen Parlaments und des Rates vom 22. Juni 1998 über ein Informationsverfahren auf dem Gebiet der Normen und technischen Vorschriften (ABl. EG Nr. L 204 S. 37), geändert durch Richtlinie 98/48/EG des Europäischen Parlaments und des Rates vom 22. Juli 1998 (ABl. EG Nr. L 217 S. 18), festgelegte technische Spezifikation, deren Einhaltung nicht zwingend vorgeschrieben ist.

## § 4 Grundlegende Anforderungen

(1) Betriebsmittel müssen nach den allgemein anerkannten Regeln der Technik so entworfen und gefertigt sein, dass

1. die von ihnen verursachten elektromagnetischen Störungen kein Niveau erreichen, bei dem ein bestimmungsgemäßer Betrieb von Funk- und Telekommunikationsgeräten oder anderen Betriebsmitteln nicht möglich ist;

2. sie gegen die bei bestimmungsgemäßem Betrieb zu erwartenden elektromagnetischen Störungen hinreichend unempfindlich sind, um ohne unzumutbare Beeinträchtigung bestimmungsgemäß arbeiten zu können.

(2) Ortsfeste Anlagen müssen zusätzlich zu den Anforderungen nach Absatz 1 nach den allgemein anerkannten Regeln der Technik installiert werden. Die zur Gewährleistung der grundlegenden Anforderungen angewandten allgemein anerkannten Regeln der Technik sind zu dokumentieren.

## § 5 Vermutungswirkung

Stimmt ein Betriebsmittel mit den einschlägigen harmonisierten Normen überein, so wird widerleglich vermutet, dass das Betriebsmittel mit den von diesen Normen abgedeckten grundlegenden Anforderungen des § 4 übereinstimmt. Diese Vermutung der Konformität beschränkt sich auf den Geltungsbereich der angewandten harmonisierten Normen und gilt nur innerhalb des Rahmens der von diesen harmonisierten Normen abgedeckten

## § 6 Inverkehrbringen, Inbetriebnahme und Betrieb

(1) Betriebsmittel dürfen nur in Verkehr gebracht, weitergegeben oder in Betrieb genommen werden, wenn sie bei ordnungsgemäßer Installierung und Wartung sowie bestimmungsgemäßer Verwendung mit den grundlegenden Anforderungen nach § 4 Abs. 1 übereinstimmen. Geräte dürfen nur in Verkehr gebracht werden, wenn sie ein Konformitätsbewertungsverfahren nach § 7 durchlaufen haben und die Anforderungen nach § 8 Abs. 1 und § 9 erfüllt sind.

(2) Werden in Verkehr gebrachte Geräte so umgebaut oder angepasst, dass sich die elektromagnetische Verträglichkeit verschlechtert, gelten sie als neue Geräte, wenn sie erneut in Verkehr gebracht werden.

(3) Die Bundesregierung wird ermächtigt, in einer Rechtsverordnung, die nicht der Zustimmung des Bundesrates bedarf, Regelungen zum Schutz von öffentlichen Telekommunikationsnetzen sowie zum Schutz von Sende- und Empfangsfunkanlagen zu treffen, die in definierten Frequenzspektren zu Sicherheitszwecken betrieben werden.

## § 7 Konformitätsbewertungsverfahren für Geräte

(1) Werden Geräte in Verkehr gebracht, ist die Übereinstimmung mit den grundlegenden Anforderungen nach § 4 Abs. 1 nach dem Verfahren der Absätze 2 und 3 nachzuweisen.

(2) Der Hersteller hat anhand einer Untersuchung der maßgebenden Erscheinungen die elektromagnetische Verträglichkeit des Gerätes zu bewerten, um festzustellen, ob es mit den grundlegenden Anforderungen nach § 4 Abs.1 übereinstimmt. Die sachgerechte Anwendung aller einschlägigen harmonisierten Normen ist der Bewertung der elektromagnetischen Verträglichkeit gleichwertig. Bei der Bewertung sind alle bei bestimmungsgemäßem Betrieb üblichen Bedingungen zu berücksichtigen. Kann ein Gerät in verschiedenen Konfigurationen betrieben werden, so muss die Bewertung bestätigen, dass das Gerät mit den grundlegenden Anforderungen nach § 4 Abs.1 in allen Konfigurationen übereinstimmt, die der Hersteller als typisch für die bestimmungsgemäße Verwendung bezeichnet.

(3) Der Hersteller hat die technischen Unterlagen nach Anlage 1 zu erstellen, mit denen nachgewiesen wird, dass das Gerät mit den grundlegenden Anforderungen nach § 4 Abs. 1 übereinstimmt. Zur Bescheinigung dieser Übereinstimmung stellt er oder sein in der Gemeinschaft ansässiger Bevollmächtigter eine EG-Konformitätserklärung nach Anlage 1 aus. Der Hersteller oder sein Bevollmächtigter in der Gemeinschaft haben die technischen Unterlagen und die EG-Konformitätserklärung mindestens zehn Jahre lang nach Fertigung des letzten Gerätes für die Bundesnetzagentur zur Einsicht bereitzuhalten. Sind weder der Hersteller noch sein Bevollmächtigter in der Gemeinschaft ansässig, fällt diese Verpflichtung der Person zu, die für das Inverkehrbringen des Gerätes auf dem Gemeinschaftsmarkt verantwortlich ist.

(4) Zusätzlich zu dem Verfahren nach den Absätzen 2 und 3 kann der Hersteller oder sein in der Gemeinschaft ansässiger Bevollmächtigter die technischen Unterlagen der benannten Stelle mit dem Antrag auf ihre Bewertung vorlegen. Dabei teilt er mit, welche Aspekte der grundlegenden Anforderungen zu bewerten sind. Die benannte Stelle prüft, ob die technischen Unterlagen in angemessener Weise die Übereinstimmung mit den zu bewertenden Anforderungen nachweisen. Ist dies der Fall, bestätigt die benannte Stelle dem Hersteller oder seinem in der Gemeinschaft ansässigen Bevollmächtigten, dass das Gerät mit den bewerteten Anforderungen übereinstimmt. Der Hersteller fügt die Bestätigung den technischen Unterlagen hinzu.

### § 8 CE-Kennzeichnung

(1) Geräte, deren Übereinstimmung mit den grundlegenden Anforderungen nach § 4 im Verfahren nach § 7 nachgewiesen wurde, sind vom Hersteller oder seinem in der Gemeinschaft ansässigen Bevollmächtigten mit der CE-Kennzeichnung nach Anlage 2 zu versehen.

(2) Es dürfen keine Kennzeichnungen angebracht werden, deren Bedeutung oder Gestalt mit der Bedeutung oder Gestalt der CE-Kennzeichnung verwechselt werden kann. Andere Kennzeichnungen dürfen auf dem Gerät, der Verpackung oder der Gebrauchsanleitung nur angebracht werden, wenn sie die Sicht- und Lesbarkeit der CE-Kennzeichnung nicht beeinträchtigen.

### § 9 Sonstige Kennzeichen und Informationen

(1) Zur Identifizierung muss jedes Gerät mit der Typbezeichnung, der Baureihe, der Seriennummer oder mit anderen Angaben gekennzeichnet sein, die die Zuordnung des Gerätes zu einer EG-Konformitätserklärung ermöglichen.

(2) Zu jedem Gerät sind auf dem Gerät, seiner Verpackung oder den beigegebenen Unterlagen der Name und die Anschrift des Herstellers anzugeben. Ist der Hersteller nicht in der Gemeinschaft ansässig, sind auch der Name und die Anschrift seines in der Europäischen Union ansässigen Bevollmächtigten oder der Person anzugeben, die für das Inverkehrbringen des Gerätes in der Gemeinschaft verantwortlich ist.

(3) Der Hersteller muss auf dem Gerät, seiner Verpackung oder den beigegebenen Unterlagen Angaben über besondere Vorkehrungen machen, die bei Montage, Installierung, Wartung oder Betrieb des Gerätes zu treffen sind, damit es nach Inbetriebnahme mit den grundlegenden Anforderungen des § 4 Abs. 1 übereinstimmt. Bei Geräten für nichtgewerbliche Nutzer müssen diese Angaben in deutscher Sprache abgefasst sein.

(4) Bei Geräten, deren Übereinstimmung mit den grundlegenden Anforderungen nach § 4 Abs. 1 in Wohngebieten nicht gewährleistet ist, ist auf diese Nutzungsbeschränkung in einer vor dem Erwerb erkennbaren Form hinzuweisen.

(5) Jedem Gerät ist eine Gebrauchsanleitung mit allen Informationen beizufügen, die zur bestimmungsgemäßen Nutzung erforderlich sind. Bei Geräten für nichtgewerbliche Nutzer muss diese Gebrauchsanleitung in deutscher Sprache abgefasst sein.

### § 10 Benannte Stellen

(1) Eine benannte Stelle muss folgende Anforderungen erfüllen:

1. Sie muss über ausreichend Personal, Mittel und Ausrüstung verfügen.
2. Ihr Personal muss fachlich kompetent und beruflich zuverlässig sein.
3. Sie muss bei der Durchführung der Prüfungen und der Abfassung der Berichte, die in diesem Gesetz vorgesehen sind, unabhängig sein.
4. Ihre Führungskräfte und ihr technisches Personal müssen unabhängig von Stellen, Gruppen oder Personen sein, die ein direktes oder indirektes Interesse an den zu prüfenden Betriebsmitteln haben.
5. Ihr Personal muss zur Wahrung des Betriebs- und Geschäftsgeheimnisses verpflichtet sein.
6. Sie muss angemessen haftpflichtversichert sein.

Bei der Bundesnetzagentur kann ein Antrag auf Anerkennung als benannte Stelle gestellt werden. Die Bundesnetzagentur prüft, ob die Anforderungen nach Satz 1 und die Anforderungen der Rechtsverordnung nach Absatz 2 eingehalten sind. Die Bundesnetzagentur überprüft regelmäßig, ob die benannte Stelle die Anforderungen nach Satz 1 weiterhin erfüllt.

(2) Das Bundesministerium für Wirtschaft und Technologie wird ermächtigt, durch Rechtsverordnung, die nicht der Zustimmung des Bundesrates bedarf, die näheren Anforderungen und das Verfahren für die Anerkennung und den Widerruf der Anerkennung von benannten Stellen zu regeln.

(3) Für Konformitätsbewertungsstellen für die Durchführung von Konformitätsbewertungen nach Drittstaatenabkommen gelten die Absätze 1 und 2 entsprechend.

## § 11 Besondere Regelungen

(1) Während der Entwicklung und Erprobung von Betriebsmitteln hat der Hersteller Vorkehrungen zu treffen, um elektromagnetische Störungen von Betriebsmitteln zu vermeiden, die von Dritten betrieben werden.

(2) Auf Messen und Ausstellungen dürfen Hersteller, ihre Bevollmächtigten oder Importeure Betriebsmittel, die den Vorschriften dieses Gesetzes nicht entsprechen, aufstellen und vorführen, wenn sie die Betriebsmittel mit dem Hinweis versehen, dass diese Betriebsmittel erst in Verkehr gebracht oder in Betrieb genommen werden dürfen, wenn sie mit den Vorschriften dieses Gesetzes übereinstimmen. Die Verantwortlichen nach Satz 1 müssen geeignete Maßnahmen zur Vermeidung elektromagnetischer Störungen treffen. Verursachen die Betriebsmittel elektromagnetische Störungen, müssen die Verantwortlichen nach Satz 1 diese unverzüglich durch geeignete Maßnahmen beseitigen.

## § 12 Ortsfeste Anlagen

(1) Ortsfeste Anlagen müssen so betrieben und gewartet werden, dass sie mit den grundlegenden Anforderungen nach § 4 Abs. 1 und 2 Satz 1 übereinstimmen. Dafür ist der Betreiber verantwortlich. Er hat die Dokumentation nach § 4 Abs. 2 Satz 2 für Kontrollen der Bundesnetzagentur zur Einsicht bereitzuhalten, solange die ortsfeste Anlage in Betrieb ist. Die Dokumentation muss dem aktuellen technischen Zustand der Anlage entsprechen.

(2) Ein Gerät, das zum Einbau in eine bestimmte ortsfeste Anlage vorgesehen und im Handel nicht erhältlich ist, braucht die in den §§ 4, 7, 8 und 9 Abs. 3 bis 5 festgelegten Anforderungen nicht zu erfüllen. Dem Gerät sind Unterlagen beizufügen, aus denen sich ergibt,

1. für welche ortsfeste Anlage das Gerät bestimmt ist,
2. unter welchen Voraussetzungen diese ortsfeste Anlage elektromagnetische Verträglichkeit besitzt und
3. welche Vorkehrungen beim Einbau in diese ortsfeste Anlage zu treffen sind, damit diese mit den grundlegenden Anforderungen nach § 4 übereinstimmt.

# Abschnitt 2
# Marktaufsicht der Bundesnetzagentur

### § 13 Aufgaben und Zuständigkeiten der Bundesnetzagentur

(1) Die Bundesnetzagentur für Elektrizität, Gas, Telekommunikation, Post und Eisenbahnen (Bundesnetzagentur) führt dieses Gesetz aus, soweit gesetzlich nichts anderes bestimmt ist.

(2) Die Bundesnetzagentur nimmt insbesondere folgende Aufgaben wahr:

1. in Verkehr zu bringende oder in Verkehr gebrachte Geräte auf Einhaltung der Anforderungen nach § 4 und §§ 7 bis 9 zu prüfen und bei Nichteinhaltung die Maßnahmen nach § 14 zu veranlassen;
2. auf Messen und Ausstellungen aufgestellte und vorgeführte Geräte auf Einhaltung der Anforderungen nach § 11 Abs. 2 zu prüfen und bei Nichteinhaltung die Maßnahmen nach § 14 Abs. 4 zu veranlassen;
3. ortsfeste Anlagen auf die Übereinstimmung mit den grundlegenden Anforderungen zu überprüfen und die Erfüllung dieser Anforderungen herbeizuführen, wenn es Anzeichen gibt, dass sie nicht mit den grundlegenden Anforderungen nach § 4 übereinstimmen;
4. elektromagnetische Unverträglichkeiten einschließlich Funkstörungen aufzuklären und Abhilfemaßnahmen in Zusammenarbeit mit den Beteiligten zu veranlassen;
5. Einzelaufgaben aufgrund der Richtlinie 2004/108/EG, anderer EG-Richtlinien und Abkommen mit Drittstaaten in Bezug auf die elektromagnetische Verträglichkeit gegenüber der Kommission der Europäischen Gemeinschaften und den Mitgliedstaaten der Europäischen Union und den anderen Vertragsstaaten des Abkommens über den Europäischen Wirtschaftsraum wahrzunehmen;
6. im Bereich der technischen Normung zur elektromagnetischen Verträglichkeit von Betriebsmitteln in nationalen und internationalen Normungsgremien mitzuarbeiten und diesbezüglich für andere zuständige Bundesbehörden unterstützend tätig zu sein;
7. die Anerkennung und Überwachung von benannten Stellen nach § 10 durchzuführen;
8. die Verordnung nach § 6 Abs. 3 zu vollziehen.

### § 14 Befugnisse der Bundesnetzagentur

(1) Die Bundesnetzagentur ist befugt,

1. in Verkehr zu bringende oder in Verkehr gebrachte Geräte stichprobenweise auf Einhaltung der Anforderungen nach § 4 und §§ 7 bis 9 zu prüfen,
2. in Verkehr zu bringende oder in Verkehr gebrachte Geräte im Sinne des Gesetzes über Funkanlagen und Telekommunikationsendeinrichtungen stichprobenweise auf Einhaltung der dort geregelten Anforderungen zu prüfen,
3. auf Messen und Ausstellungen aufgestellte und vorgeführte Geräte auf Einhaltung der Anforderungen nach § 11 Abs. 2 sowie Geräte im Sinne des Gesetzes über Funkanlagen und Telekommunikationsendeinrichtungen auf Einhaltung der Anforderungen des dortigen § 13 zu prüfen,

4. für ortsfeste Anlagen bei Vorliegen gegenteiliger Anhaltspunkte den Nachweis der Übereinstimmung mit den grundlegenden Anforderungen zu verlangen, eine Überprüfung der Anlagen vorzunehmen und die Erfüllung der grundlegenden Anforderungen anzuordnen.

(2) Stellt die Bundesnetzagentur fest, dass ein Gerät, für das die CE-Kennzeichnung nach diesem Gesetz oder dem Gesetz über Funkanlagen und Telekommunikationsendeinrichtungen vorgeschrieben ist, nicht mit der CE-Kennzeichnung versehen ist, so trifft sie alle erforderlichen Maßnahmen, um das Inverkehrbringen oder die Weitergabe des betreffenden Gerätes einzuschränken, zu unterbinden oder rückgängig zu machen oder seinen freien Warenverkehr einzuschränken. Diese Maßnahmen können gegen jeden, der das Gerät in Verkehr bringt oder weitergibt, gerichtet werden.

(3) Stellt die Bundesnetzagentur fest, dass ein Gerät mit CE-Kennzeichnung nicht den nach Absatz 1 Nr. 1 oder Nr. 2 zu prüfenden Anforderungen entspricht, so erlässt sie die erforderlichen Anordnungen, um diesen Mangel zu beheben und einen weiteren Verstoß zu verhindern. Wenn der Mangel nicht behoben wird, trifft die Bundesnetzagentur alle erforderlichen Maßnahmen, um das Inverkehrbringen oder die Weitergabe des betreffenden Gerätes einzuschränken, zu unterbinden oder rückgängig zu machen. Die Anordnungen und Maßnahmen nach Satz 1 und 2 können gegen den Hersteller, seinen Bevollmächtigten mit Niederlassung in einem Mitgliedstaat der Europäischen Union oder einem anderen Vertragsstaat des Abkommens über den Europäischen Wirtschaftsraum und den Importeur, die Maßnahmen nach Satz 2 auch gegen jeden, der das Gerät weitergibt, gerichtet werden.

(4) Stellt die Bundesnetzagentur im Fall des Absatzes 1 Nr. 3 fest, dass ein Gerät nicht den dort genannten Anforderungen entspricht, erlässt sie die erforderlichen Anordnungen, um diesen Mangel zu beheben. Wenn der Mangel nicht behoben wird, veranlasst die Bundesnetzagentur die Außerbetriebnahme des Gerätes.

(5) Stellt die Bundesnetzagentur fest, dass auf einem Gerät, seiner Verpackung, der Gebrauchsanleitung oder dem Garantieschein eine Kennzeichnung angebracht ist, deren Bedeutung oder Gestalt mit der Bedeutung oder Gestalt der CE-Kennzeichnung verwechselt werden kann, trifft sie alle erforderlichen Maßnahmen, um das Inverkehrbringen oder die gewerbliche Weitergabe des betreffenden Gerätes einzuschränken, zu unterbinden oder seinen freien Warenverkehr einzuschränken. Diese Maßnahmen können gegen jeden, der das Gerät in Verkehr bringt oder weitergibt, gerichtet werden.

(6) Die Bundesnetzagentur ist befugt, die notwendigen Maßnahmen zur Klärung von elektromagnetischen Unverträglichkeiten zu ergreifen. Sie kann

1. zum Schutz von zu Sicherheitszwecken verwendeten Empfangs- oder Sendefunkgeräten und -anlagen und den zugehörigen Funkdiensten,
2. zum Schutz öffentlicher Telekommunikationsnetze,
3. zum Schutz von Leib oder Leben einer Person oder von Sachen von bedeutendem Wert oder
4. zum Schutz vor Auswirkungen von Betriebsmitteln, die nicht den Vorschriften dieses Gesetzes oder anderen Gesetzen mit Festlegungen zur elektromagnetischen Verträglichkeit genügen,

besondere Maßnahmen für das Betreiben von Betriebsmitteln an einem bestimmten Ort anordnen oder alle erforderlichen Maßnahmen treffen, um das Betreiben von Betriebsmitteln an einem bestimmten Ort zu verhindern. Sie kann ihre Maßnahmen an den Betreiber oder an den Eigentümer eines Betriebsmittels oder an beide richten. Liegen bei elektromagnetischen Unverträglichkeiten die Eingriffsvoraussetzungen nach Satz 2 nicht vor, ist die Bundesnetzagentur befugt, bei bestehenden oder vorhersehbaren Problemen in Zusammenhang mit der elektromagnetischen Verträglichkeit an einem bestimmten Ort unter Abwägung der Interessen der Beteiligten die notwendigen Maßnahmen zur Ermittlung ihrer Ursache durchzuführen und Abhilfemaßnahmen in Zusammenarbeit mit den Beteiligten zu veranlassen. Zivilrechtliche Ansprüche bleiben unberührt. Bei elektromagnetischen Unverträglichkeiten arbeitet die Bundesnetzagentur mit den Beteiligten zusammen. Sie legt die allgemein anerkannten Regeln der Technik zu Grunde und kann insbesondere die geltenden technischen Normen heranziehen.

(7) Besteht aufgrund einer elektromagnetischen Störung

1. eine Gefahr für Leib oder Leben einer Person oder für fremde Sachen von bedeutendem Wert,
2. eine erhebliche Beeinträchtigung der Nutzung eines öffentlichen Telekommunikationsnetzes oder
3. eine Beeinträchtigung eines zu Sicherheitszwecken verwendeten Empfangs- oder Sendefunkgerätes

und ist die Ursache der Störung nicht auf anderem Wege zu ermitteln, sind die Bediensteten der Bundesnetzagentur befugt, sich Kenntnis von dem Inhalt und den näheren Umständen der Telekommunikation zu verschaffen; die Aufzeichnung des Inhalts ist unzulässig. Das Grundrecht des Fernmeldegeheimnisses nach Artikel 10 des Grundgesetzes wird nach Maßgabe des Satzes 1 eingeschränkt.

(8) Eine Maßnahme nach Absatz 7 ist unverzüglich zu unterbrechen, soweit und solange tatsächliche Anhaltspunkte für die Annahme vorliegen, dass das Gespräch den Kernbereich privater Lebensgestaltung betrifft. Dennoch erlangte Erkenntnisse aus dem Kernbereich privater Lebensgestaltung dürfen nicht verwertet werden und sind unverzüglich zu löschen. Die Tatsache ihrer Erlangung und Löschung ist aktenkundig zu machen.

(9) Die durch eine Maßnahme nach Absatz 7 erlangten Daten sind als solche zu kennzeichnen. Sie dürfen nur zur Ermittlung und Unterbindung der elektromagnetischen Störung verwendet werden. Abweichend von Satz 2 dürfen die Daten von der Bundesnetzagentur an die Strafverfolgungsbehörden übermittelt werden, soweit dies für die Verfolgung einer in § 100a der Strafprozessordnung genannten Straftat erforderlich ist. Die Bundesnetzagentur darf die Daten ferner abweichend von Satz 2 an die Polizeivollzugsbehörden übermitteln, soweit bestimmte Tatsachen die Annahme rechtfertigen, dass die Kenntnis der Daten zur Abwehr einer Gefahr für Leib, Leben, Gesundheit oder Freiheit einer Person oder bedeutende Sach- und Vermögenswerte erforderlich ist. Die Strafverfolgungsbehörden und die Polizeivollzugsbehörden haben die Kennzeichnung der Daten aufrechtzuerhalten. Das Grundrecht des Fernmeldegeheimnisses nach Artikel 10 des Grundgesetzes wird nach Maßgabe der Sätze 3 und 4 eingeschränkt. Die Übermittlung nach den Sätzen 3 und 4 bedarf der gerichtlichen Zustimmung. Satz 7 gilt nicht, wenn Gefahr im Verzug gegeben ist. Für das Verfahren nach Satz 7 gelten die Vorschriften des Gesetzes über die Angelegenheiten der freiwilligen Gerichtsbarkeit entsprechend. Zuständig ist das Amtsgericht, in dessen Bezirk die Bundesnetzagentur ihren Sitz hat.

(10) Die durch eine Maßnahme nach Absatz 7 Betroffenen sind spätestens nach Abschluss der Störungsunterbindung zu benachrichtigen, soweit sie bekannt sind oder ihre Identifizierung ohne unverhältnismäßige weitere Ermittlungen möglich ist und nicht überwiegende schutzwürdige Belange anderer Personen entgegenstehen. Dabei ist auf die Möglichkeit der Inanspruchnahme nachträglichen Rechtsschutzes und die dafür jeweils vorgesehene Frist hinzuweisen. In den Fällen des Absatzes 9 Satz 3 erfolgt die Benachrichtigung durch die Strafverfolgungsbehörde entsprechend den Vorschriften des Strafverfahrensrechts. In den Fällen des Absatzes 9 Satz 4 erfolgt die Benachrichtigung durch die Polizeivollzugsbehörde nach den für diese maßgebenden Vorschriften; enthalten diese keine Bestimmungen zu Benachrichtigungspflichten, sind die Vorschriften des Strafverfahrensrechts entsprechend anzuwenden.

(11) Die durch eine Maßnahme nach Absatz 7 erlangten Daten sind unverzüglich zu löschen, wenn sie für die Ermittlung oder Unterbindung der Störung und für eine gerichtliche Überprüfung der Maßnahme nicht mehr benötigt werden. Die Löschung ist akten-

kundig zu machen. Soweit die Löschung lediglich für eine gerichtliche Überprüfung zurückgestellt ist, sind die Daten zu sperren. Sie dürfen ohne Einwilligung des Betroffenen nur zu diesem Zweck verwendet werden; Absatz 9 Satz 3 bis 10 bleibt unberührt.

(12) Unter den in Absatz 7 genannten Voraussetzungen sind die Bediensteten der Bundesnetzagentur befugt, Grundstücke, Räumlichkeiten und Wohnungen zu betreten, auf oder in denen aufgrund tatsächlicher Anhaltspunkte die Ursache störender Aussendungen zu vermuten ist. Durchsuchungen dürfen nur durch den Richter, bei Gefahr im Verzug auch durch den verantwortlichen Bediensteten der Bundesnetzagentur schriftlich angeordnet werden. Maßnahmen nach den Sätzen 1 und 2 sollen nur nach vorheriger Anhörung des Betroffenen erfolgen, es sei denn, die Maßnahme würde dadurch unangemessen verzögert. Das Grundrecht der Unverletzlichkeit der Wohnung nach Artikel 13 des Grundgesetzes wird nach Maßgabe der Sätze 1 und 2 eingeschränkt.

## § 15 Auskunfts- und Beteiligungspflicht

(1) Diejenigen, die Betriebsmittel in Verkehr bringen, anbieten, ausstellen, betreiben oder die Weitergabe vermittelnd unterstützen, und die benannten Stellen haben der Bundesnetzagentur auf Verlangen die zur Erfüllung ihrer Aufgaben erforderlichen Auskünfte zu erteilen und sonstige Unterstützung zu gewähren. Die nach Satz 1 Verpflichteten können die Auskunft auf solche Fragen verweigern, deren Beantwortung sie selbst oder einen in § 52 Abs. 1 der Strafprozessordnung bezeichneten Angehörigen der Gefahr der Verfolgung wegen einer Straftat oder eines Verfahrens nach dem Gesetz über Ordnungswidrigkeiten aussetzen würde.

(2) Die Beauftragten der Bundesnetzagentur dürfen Betriebsgrundstücke, Betriebs- und Geschäftsräume sowie Fahrzeuge, auf oder in denen Betriebsmittel oder Geräte im Sinne des Gesetzes über Funkanlagen und Telekommunikationsendeinrichtungen geprüft, hergestellt, angeboten oder zum Zwecke des Inverkehrbringens oder der Weitergabe gelagert werden, ausgestellt sind oder betrieben werden, während der Geschäfts- und Betriebszeiten betreten, die Geräte besichtigen und prüfen, zur Prüfung betreiben lassen und unentgeltlich vorübergehend zu Prüf- und Kontrollzwecken entnehmen. Die nach Absatz 1 Auskunftspflichtigen haben diese Maßnahmen zu dulden.

## § 16 Zwangsgeld

Zur Durchsetzung der Anordnungen nach § 14 Abs. 2 bis 6 und 12 sowie § 15 und der Anordnungen aufgrund der Verordnung nach § 6 Abs. 3 kann die Bundesnetzagentur ein Zwangsgeld bis zu fünfhunderttausend Euro festsetzen und vollstrecken.

## § 17 Gebühren- und Auslagenregelung

(1) Die Bundesnetzagentur erhebt für die folgenden individuell zurechenbaren öffentlichen Leistungen Gebühren und Auslagen:

1. Maßnahmen nach § 14 Abs. 1 bis 5 gegen denjenigen, der Geräte in der Bundesrepublik Deutschland auf dem Markt der Europäischen Union bereitgestellt hat, wenn ein Verstoß gegen die §§ 6 bis 9 und § 12 Abs. 2 festgestellt wurde,

2. Maßnahmen zur Störungsermittlung oder -beseitigung nach § 14 Absatz 6 und 7 gegenüber den Betreibern von Betriebsmitteln, die schuldhaft entgegen den Vorschriften aus der nach § 6 Absatz 3 in Kraft getretenen Rechtsverordnung oder die entgegen den Vorschriften des § 6 Absatz 1, § 11 Absatz 2 und § 12 Absatz 1 betrieben werden,

3. Entscheidungen über die Anerkennung von benannten Stellen nach § 10 Abs. 1 Satz 2 und 3 und Überprüfungsmaßnahmen nach § 10 Abs. 1 Satz 4; Gebühren und Auslagen werden auch dann erhoben, wenn ein Antrag auf Vornahme einer individuell zurechenbaren öffentlichen Leistung nach Beginn der sachlichen Bearbeitung, jedoch vor deren Beendigung zurückgenommen worden ist. Dies gilt für Konformitätsbewertungsstellen nach § 10 Abs. 3 entsprechend.

(2) Das Bundesministerium für Wirtschaft und Technologie wird ermächtigt, im Einvernehmen mit dem Bundesministerium der Finanzen, durch Rechtsverordnung, die nicht der Zustimmung des Bundesrates bedarf,

1. die gebührenpflichtigen Tatbestände nach Absatz 1 sowie die Höhe der hierfür zu erhebenden Gebühren näher zu bestimmen und dabei feste Sätze auch in Form von Gebühren nach Zeitaufwand oder Rahmensätze vorzusehen,
2. eine bestimmte Zahlungsweise der Gebühren anzuordnen und
3. das Nähere zur Ermittlung des Verwaltungsaufwands nach Absatz 3 Satz 2 zu bestimmen.

(3) Die Gebühren nach Absatz 1 werden zur Deckung des Verwaltungsaufwands erhoben. Zur Ermittlung des Verwaltungsaufwands sind die Kosten, die nach betriebswirtschaftlichen Grundsätzen als Einzel- und Gemeinkosten zurechenbar und ansatzfähig sind, insbesondere Personal- und Sachkosten sowie kalkulatorische Kosten, zugrunde zu legen.

(4) Das Bundesministerium für Wirtschaft und Technologie kann die Ermächtigung nach Absatz 2 durch Rechtsverordnung, die nicht der Zustimmung des Bundesrates bedarf, unter Sicherstellung der Einvernehmensregelung auf die Bundesnetzagentur übertragen. Eine Rechtsverordnung der Bundesnetzagentur, ihre Änderung und ihre Aufhebung bedarf des Einvernehmens mit dem Bundesministerium für Wirtschaft und Technologie und dem Bundesministerium der Finanzen.

### § 18 Vorverfahren

(1) Widerspruch und Klage gegen Entscheidungen der Bundesnetzagentur haben keine aufschiebende Wirkung.

(2) Die Kosten des Vorverfahrens richten sich nach § 146 des Telekommunikationsgesetzes.

### § 19 Beitragsregelung

(1) Senderbetreiber haben zur Abgeltung der Kosten

1. für die Sicherstellung der elektromagnetischen Verträglichkeit und insbesondere eines störungsfreien Funkempfangs zur Aufgabenerledigung nach § 14 Abs. 6 Satz 2, soweit nicht bereits der Gebührentatbestand nach § 17 Abs. 1 Nr. 2 erfüllt ist,
2. für Maßnahmen nach § 14 Abs. 1 bis 5, soweit nicht bereits der Gebührentatbestand nach § 17 Abs. 1 Nr. 1 erfüllt ist, einen Jahresbeitrag zu entrichten.

(2) Das Bundesministerium für Wirtschaft und Technologie wird ermächtigt, im Einvernehmen mit dem Bundesministerium der Finanzen durch Rechtsverordnung, die nicht der Zustimmung des Bundesrates bedarf, den Kreis der Beitragspflichtigen, die Beitragssätze und das Verfahren der Beitragserhebung einschließlich der Zahlungsweise und der Zahlungsfristen zu bestimmen. Die Anteile an den Gesamtkosten im Sinne von Absatz 1 werden den einzelnen Nutzergruppen so weit wie möglich aufwandsbezogen zugeordnet. Der auf das Allgemeininteresse entfallende Kostenanteil ist beitragsmindernd zu berücksichtigen. Die Nutzergruppen ergeben sich aus der Frequenzzuweisung.

Innerhalb der Nutzergruppen erfolgt die Aufteilung entsprechend der Frequenznutzung. Das Bundesministerium für Wirtschaft und Technologie kann die Ermächtigung nach Satz 1 durch Rechtsverordnung unter Sicherstellung der Einvernehmensregelung auf die Bundesnetzagentur übertragen. Eine Rechtsverordnung nach Satz 6 einschließlich ihrer Aufhebung bedarf des Einvernehmens mit dem Bundesministerium für Wirtschaft und Technologie und dem Bundesministerium der Finanzen.

## Abschnitt 3
## Bußgeldvorschriften

### § 20 Bußgeldvorschriften

(1) Ordnungswidrig handelt, wer vorsätzlich oder fahrlässig

1. entgegen § 6 Abs. 1 Satz 1 ein Gerät in Verkehr bringt, gewerbsmäßig weitergibt oder in Betrieb nimmt,
2. entgegen § 6 Abs. 1 Satz 2 ein Gerät in Verkehr bringt,
3. einer vollziehbaren Anordnung aufgrund einer Rechtsverordnung nach § 6 Abs. 3 zuwiderhandelt, soweit die Rechtsverordnung für einen bestimmten Tatbestand auf diese Bußgeldvorschrift verweist,
4. entgegen § 7 Abs. 3 Satz 3 eine technische Unterlage oder eine EG-Konformitätserklärung für ein Gerät nicht oder nicht mindestens zehn Jahre lang bereithält,
5. entgegen § 8 Abs. 2 eine Kennzeichnung anbringt,
6. entgegen § 12 Abs. 1 Satz 1 eine ortsfeste Anlage nicht richtig betreibt oder
7. entgegen § 12 Abs. 1 Satz 3 eine technische Dokumentation nicht oder nicht für die vorgeschriebene Dauer bereithält.

(2) Die Ordnungswidrigkeit kann in den Fällen des Absatzes 1 Nr. 1, 2, 5 und 6 mit einer Geldbuße bis zu fünfzigtausend Euro, in den übrigen Fällen mit einer Geldbuße bis zu zehntausend Euro geahndet werden.

(3) Geräte, auf die sich eine Ordnungswidrigkeit nach Absatz 1 Nr. 1, 2 oder 5 bezieht, können eingezogen werden.

(4) Verwaltungsbehörde im Sinne des § 36 Abs. 1 Nr.1 des Gesetzes über Ordnungswidrigkeiten ist die Bundesnetzagentur.

## Abschnitt 4
## Schlussbestimmungen

### § 21 Übergangsbestimmungen

(1) Geräte, die den Bestimmungen des Gesetzes über die elektromagnetische Verträglichkeit von Geräten vom 18. September 1998 (BGBl. I S. 2882), zuletzt geändert durch Artikel 279 der Verordnung vom 31. Oktober 2006 (BGBl. I S. 2407), entsprechen und vor dem 20. Juli 2009 in Verkehr gebracht oder in Betrieb genommen wurden, dürfen weiter vertrieben oder betrieben werden.

(2) Ortsfeste Anlagen dürfen so lange weiter betrieben werden, wie ihr Standort unverändert bleibt. Änderungen müssen gemäß § 12 Abs. 1 Satz 3 und 4 dokumentiert werden.

## § 22 Aufhebung und Änderungen von Rechtsvorschriften

–

## § 23 Neufassung der Beleihungs- und Anerkennungs-Verordnung

Das Bundesministerium für Wirtschaft und Technologie kann den Wortlaut der Beleihungs- und Anerkennungs-Verordnung in der vom Inkrafttreten dieses Gesetzes an geltenden Fassung im Bundesgesetzblatt bekannt machen.

## § 24 Inkrafttreten, Außerkrafttreten

Dieses Gesetz tritt am Tag nach der Verkündung in Kraft.

## Anlage 1 Technische Unterlagen, EG-Konformitätserklärung

(Fundstelle: BGBl. I 2008, 231; bzgl. der einzelnen Änderungen vgl. Fußnote)

### 1. Technische Unterlagen

Anhand der technischen Unterlagen muss es möglich sein, die Übereinstimmung des Gerätes mit den grundlegenden Anforderungen nach § 4 Abs. 1 zu beurteilen. Sie müssen sich auf die Konstruktion und die Fertigung des Gerätes erstrecken und insbesondere Folgendes umfassen:

a)  eine allgemeine Beschreibung des Gerätes;

b)  einen Nachweis der Übereinstimmung des Gerätes mit den angewandten harmonisierten Normen;

c)  falls der Hersteller harmonisierte Normen nicht oder nur teilweise angewandt hat, eine Beschreibung und Erläuterung der zur Übereinstimmung mit den grundlegenden Anforderungen nach § 4 Abs. 1 getroffenen Vorkehrungen; die Beschreibung muss insbesondere die nach § 7 Abs. 2 vorgenommene Bewertung der elektromagnetischen Verträglichkeit, die Ergebnisse der Entwurfsberechnungen, die durchgeführten Prüfungen und die Prüfberichte umfassen;

d)  eine Erklärung der benannten Stelle, sofern eine Bewertung nach § 7 Abs. 4 erfolgt ist.

### 2. EG-Konformitätserklärung

Die EG-Konformitätserklärung muss mindestens folgende Angaben enthalten:

a)  einen Verweis auf die Richtlinie 2004/108/EG;

b)  die Identifizierung des Gerätes, für das sie abgegeben wird, nach § 9 Absatz 1;

c)  Namen und Anschrift des Herstellers und gegebenenfalls seines in der Gemeinschaft ansässigen Bevollmächtigten;

d) die Fundstellen der Spezifikationen, mit denen das Gerät übereinstimmt und aufgrund deren die Konformität mit den Bestimmungen der Richtlinie 2004/108/EG erklärt wird;

e) Datum der Erklärung;

f) Namen und Unterschrift der für den Hersteller oder seinen Bevollmächtigten zeichnungsberechtigten Person.

## Anlage 2 CE-Kennzeichnung

( Fundstelle: BGBl. I 2008, 232 )
Die CE-Kennzeichnung besteht aus den Buchstaben „CE" mit folgendem Schriftbild:

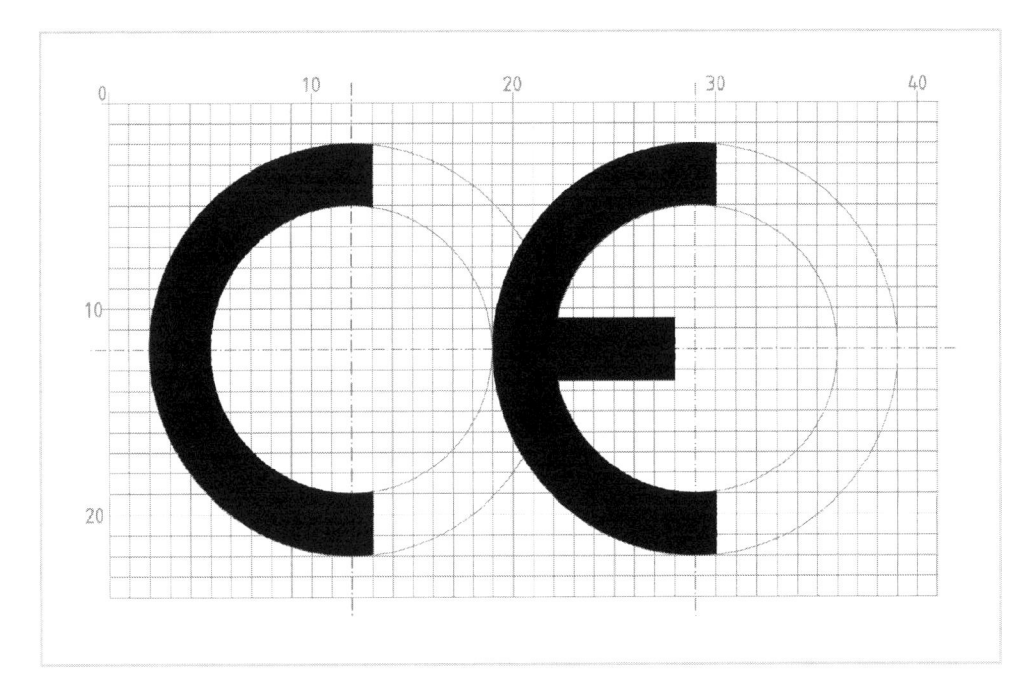

Bei Verkleinerung oder Vergrößerung müssen die Proportionen gewahrt bleiben. Die CE-Kennzeichnung muss mindestens 5 mm hoch sein.

Die CE-Kennzeichnung ist auf dem Gerät oder auf dessen Typenschild anzubringen. Ist dies wegen der Beschaffenheit des Gerätes nicht möglich, ist die CE-Kennzeichnung auf der Verpackung oder auf den Begleitunterlagen anzubringen.

Wird ein Gerät neben der Richtlinie 2004/108/EG auch von anderen europäischen Richtlinien erfasst, die andere Anforderungen regeln und ebenfalls die CE-Kennzeichnung vorsehen, bedeutet die CE-Kennzeichnung, dass das Gerät auch mit den Anforderungen dieser Richtlinien übereinstimmt.

Kann der Hersteller nach einer oder mehreren dieser Richtlinien während einer Übergangsfrist wählen, welche der bestehenden Regelungen er anwendet, so bescheinigt die CE-Kennzeichnung lediglich die Übereinstimmung mit den Anforderungen der vom Hersteller angewandten Richtlinien. In diesem Fall müssen die dem Gerät beiliegenden Unterlagen, Hinweise oder Anleitungen die Nummern der jeweils angewandten Richtlinien entsprechend ihrer Veröffentlichung im Amtsblatt der Europäischen Union tragen.

# Erste Verordnung zum Produktsicherheitsgesetz (Verordnung über die Bereitstellung elektrischer Betriebsmittel zur Verwendung innerhalb bestimmter Spannungsgrenzen auf dem Markt)

--- Stand 25.07.2014 ---

Auf Grund des § 4 Abs. 1 Nr. 1 des Gesetzes über technische Arbeitsmittel vom 24. Juni 1968 (BGBl. I S. 717), wird nach Anhörung des Ausschusses für technische Arbeitsmittel im Einvernehmen mit dem Bundesminister für Wirtschaft und mit Zustimmung des Bundesrates verordnet:

## § 1

Diese Verordnung regelt die Beschaffenheit elektrischer Betriebsmittel zur Verwendung bei einer Nennspannung zwischen 50 und 1.000 V für Wechselstrom und zwischen 75 und 1.500 V für Gleichstrom, soweit es sich um technische Arbeitsmittel oder verwendungsfertige Gebrauchsgegenstände oder Teile von diesen handelt. Sie gilt nicht für

1. elektrische Betriebsmittel zur Verwendung in explosionsfähiger Atmosphäre,
2. elektro-radiologische und elektro-medizinische Betriebsmittel,
3. elektrische Teile von Personen- und Lastenaufzügen,
4. Elektrizitätszähler,
5. Haushaltssteckvorrichtungen,
6. Vorrichtungen zur Stromversorgung von elektrischen Weidezäunen,
7. spezielle elektrische Betriebsmittel, die zur Verwendung auf Schiffen, in Flugzeugen oder in Eisenbahnen bestimmt sind und den Sicherheitsvorschriften internationaler Einrichtungen entsprechen, denen die Mitgliedstaaten der Europäischen Gemeinschaft angehören.

Sie gilt ferner nicht für die Funkentstörung elektrischer Betriebsmittel.

## § 2

(1) Neue elektrische Betriebsmittel dürfen nur auf dem Markt bereitgestellt werden, wenn

1. sie entsprechend dem in der Europäischen Gemeinschaft gegebenen Stand der Sicherheitstechnik hergestellt sind,
2. sie bei ordnungsgemäßer Installation und Wartung sowie bestimmungsgemäßer Verwendung die Sicherheit von Menschen, Nutztieren und die Erhaltung von Sachwerten nicht gefährden.

Der für elektrische Betriebsmittel maßgebende Stand der Sicherheitstechnik ist unter Berücksichtigung des Netzversorgungssystems zu bestimmen, für das sie vorgesehen sind.

(2) Die elektrischen Betriebsmittel müssen insbesondere folgenden Sicherheitsgrundsätzen entsprechend beschaffen sein:

1. Die wesentlichen Merkmale, von deren Kenntnis und Beachtung eine bestimmungsgemäße und gefahrlose Verwendung abhängt, sind auf den elektrischen Betriebsmitteln oder, falls dies nicht möglich ist, auf einem beigegebenen Hinweis anzugeben.

# Erste Verordnung zum Produktsicherheitsgesetz | Anhang 2

2. Das Herstellerzeichen oder die Handelsmarke ist deutlich auf den elektrischen Betriebsmitteln oder, wenn dies nicht möglich ist, auf der Verpackung anzubringen.

3. Die elektrischen Betriebsmittel sowie ihre Bestandteile müssen so beschaffen sein, dass sie sicher und ordnungsgemäß verbunden oder angeschlossen werden können.

4. Zum Schutz vor Gefahren, die von elektrischen Betriebsmitteln ausgehen können, sind technische Maßnahmen vorzusehen, damit bei bestimmungsgemäßer Verwendung und ordnungsgemäßer Unterhaltung

   a) Menschen und Nutztiere angemessen vor den Gefahren einer Verletzung oder anderen Schäden geschützt sind, die durch direkte oder indirekte Berührung verursacht werden können;

   b) keine Temperaturen, Lichtbogen oder Strahlungen entstehen, aus denen sich Gefahren ergeben können;

   c) Menschen, Nutztiere und Sachen angemessen vor nichtelektrischen Gefahren geschützt werden, die erfahrungsgemäß von elektrischen Betriebsmitteln ausgehen;

   d) die Isolierung den vorgesehenen Beanspruchungen angemessen ist.

5. Zum Schutz vor Gefahren, die durch äußere Einwirkungen auf elektrische Betriebsmittel entstehen können, sind technische Maßnahmen vorzusehen, die sicherstellen, dass die elektrischen Betriebsmittel bei bestimmungsgemäßer Verwendung und ordnungsgemäßer Unterhaltung

   a) den vorgesehenen mechanischen Beanspruchungen so weit standhalten, dass Menschen, Nutztiere oder Sachen nicht gefährdet werden;

   b) unter den vorgesehenen Umgebungsbedingungen den nichtmechanischen Einwirkungen so weit standhalten, dass Menschen, Nutztiere oder Sachen nicht gefährdet werden;

   c) bei den vorgesehenen Überlastungen Menschen, Nutztiere oder Sachen nicht gefährden.

## § 3

(1) Elektrische Betriebsmittel dürfen nur auf dem Markt bereitgestellt werden, wenn sie gemäß Absatz 2 mit der CE-Kennzeichnung nach § 7 des Produktsicherheitsgesetzes versehen sind, durch die der Hersteller oder sein in der Gemeinschaft oder einem anderen Vertragsstaat des Abkommens über den Europäischen Wirtschaftsraum niedergelassener Bevollmächtigter bestätigt, daß die Sicherheitsanforderungen nach § 2 erfüllt und die Konformitätsbewertungsverfahren nach Anhang IV der Richtlinie 2006/95/EG des Europäischen Parlaments und des Rates vom 12. Dezember 2006 zur Angleichung der Rechtsvorschriften der Mitgliedstaaten betreffend elektrische Betriebsmittel zur Verwendung innerhalb bestimmter Spannungsgrenzen (ABl. EU Nr. L 374 S. 10) eingehalten sind.

(2) Die CE-Kennzeichnung muss auf jedem elektrischen Betriebsmittel oder, sollte dies nicht möglich sein, auf der Verpackung oder Gebrauchsanleitung oder dem Garantieschein sichtbar, leserlich und dauerhaft angebracht sein. Ihre Mindesthöhe beträgt 5 Millimeter.

(3) Unterliegt das elektrische Betriebsmittel auch anderen Rechtsvorschriften, die die CE-Kennzeichnung vorschreiben, wird durch die CE-Kennzeichnung auch bestätigt, dass das elektrische Betriebsmittel ebenfalls den Bestimmungen dieser anderen einschlägigen Rechtsvorschriften entspricht. Steht jedoch gemäß einer oder mehrerer dieser Rechtsvorschriften dem Hersteller während einer Übergangszeit die Wahl der anzuwendenden Regelung frei, bestätigt in diesem Fall die CE-Kennzeichnung lediglich, dass das elektrische Betriebsmittel den vom Hersteller angewandten Rechtsvorschriften nach Satz 1 entspricht. In diesen Fällen sind dem Betriebsmittel Unterlagen, Hinweise oder Anleitungen beizufügen, in denen alle Nummern der den vom Hersteller angewandten Rechtsvorschriften zugrundeliegenden Gemeinschaftsrichtlinien entsprechend ihrer Veröffentlichung im Amtsblatt der Europäischen Union aufgeführt sind.

(4) Vom Hersteller oder seinem in der Gemeinschaft oder einem anderen Vertragsstaat des Abkommens über den Europäischen Wirtschaftsraum niedergelassenen Bevollmächtigten müssen folgende Unterlagen für die zuständigen Behörden bereitgehalten werden:

1. eine Konformitätserklärung gemäß Anhang III B der Richtlinie 2006/95/EG und
2. die technischen Unterlagen gemäß Anhang IV Nr. 3 der Richtlinie 2006/95/EG.

§ 4

Ordnungswidrig im Sinne des § 39 Absatz 1 Nummer 7 Buchstabe a des Produktsicherheitsgesetzes handelt, wer vorsätzlich oder fahrlässig

1. entgegen § 3 Absatz 1 Satz 1 ein elektrisches Betriebsmittel auf dem Markt bereitstellt oder
2. entgegen § 3 Absatz 4 dort genannte Unterlagen nicht bereithält.

Der Bundesminister für Arbeit und Sozialordnung